AF314666

GUIDE MANUEL

DU

POSTULANT AU SURNUMÉRARIAT DES POSTES

ET DES TÉLÉGRAPHES

AUX EMPLOIS D'AUXILIAIRES DES TÉLÉGRAPHES

ET DE DAMES TÉLÉPHONISTES

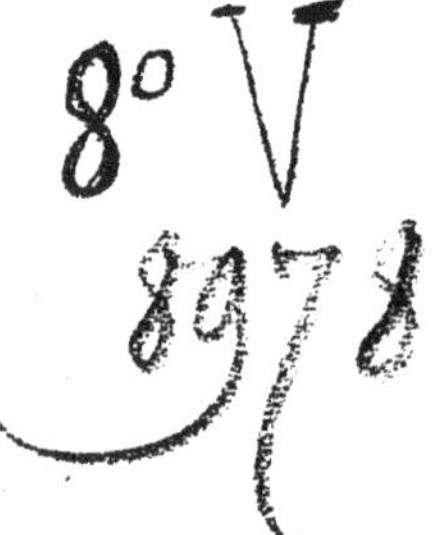

GUIDE MANUEL

DU

POSTULANT AU SURNUMÉRARIAT

DES POSTES & DES TÉLÉGRAPHES

AUX EMPLOIS D'AUXILIAIRES DES TÉLÉGRAPHES
ET DE DAMES TÉLÉPHONISTES

suivi de

NOTIONS GÉNÉRALES SUR LE MAGNÉTISME ET L'ÉLECTRICITÉ

PAR

Émile USQUIN

Ancien Directeur départemental des Postes et des Télégraphes

SEPTIÈME ÉDITION

TYP. OBERTHUR, RENNES—PARIS

1886

PRÉFACE

PRÉFACE

Notions générales sur le Service des Postes et des Télégraphes

---

HISTORIQUE

Il faudrait remonter aux Phéniciens et même au delà pour trouver l'origine des postes. D'après quelques auteurs, Assuérus en serait l'inventeur. Ce roi envoya des courriers dans toutes les provinces de son Empire pour y porter les ordres de révocation de l'édit contre les Juifs.

Cyrus eut l'idée des *relais*. Il établit sur toutes les grandes routes de la Perse des *stations*, où des hommes et des chevaux, entretenus à grands frais, étaient chargés de transmettre d'un *relais* à un autre, avec rapidité, les ordres du souverain. Auguste, si nous en croyons Suétone, fit réparer les routes et institua un système de postes; mais tout porte à croire qu'Auguste ne fit que perfectionner une institution connue déjà du temps de la République.

Charlemagne, pensant, avec raison, que, sans une surveillance incessante, *sans un contrôle permanent*, il n'y a pas de bonne administration, et voulant correspondre facilement avec ses préfets et ses inspecteurs généraux (*missi dominici*), institua des lignes de poste en Italie, en Allemagne et en Espagne. Sous les débonnaires successeurs de Charlemagne, son œuvre disparaît. Avec la féodalité, la poste était impossible.

En 1315, sous le règne de Louis X, l'Université obtient un édit qui l'autorise à entretenir dans chaque diocèse des messagers chargés du transport des lettres et des hardes de ses agents, écoliers et suppôts.

Le 14 juin 1464, Louis XI, que l'on peut considérer à juste titre comme le véritable fondateur des postes en France, rendit l'édit célèbre qui a servi de modèle à toutes les administrations postales.

Ce document, plein d'intérêt, a pour titre :

INSTITUTION ET ESTABLISSEMENT QUE LE ROY *Louis XI, notre Sire, veut et ordonne estre fait de certains coureurs et porteurs de ses dépesches en tous les lieux de son royaume, pays et terres de son obéissance, pour la commodité de ses affaires, et diligence de son service et de ses dites affaires.*

Malgré les restrictions (imitées de la loi romaine) qui défendent, *sous peine de la vie*, aux maîtres de poste de louer des chevaux à qui que ce soit sans la permission du roi et du grand-maître des coureurs de France, cette ordonnance est admirablement conçue : elle devait être féconde en résultats.

Avec la boussole et l'imprimerie, avec les grandes inventions et les grandes découvertes, la poste, âme du commerce, des arts et de la civilisation, se développe et se perfectionne. Bientôt les particuliers purent se servir des chevaux entretenus dans les relais royaux, moyennant le payement de la taxe établie par l'édit de Louis XI, et confier des lettres aux courriers du roi chargés des dépêches pour les gouverneurs des provinces, l'envoyeur fixant lui-même le port de la lettre qui devait être acquitté par le destinataire.

Le 11 mars 1597, Henri IV établit des maîtres de relais (1) pour le transport des voyageurs, et, le 17 août 1602, il rend un édit par lequel il confirme et étend les privilèges accordés précédemment aux maîtres de poste; il leur donne le droit *exclusif* de

(1) Cette création des maîtres des relais fut une idée de Sully et ne fait pas honneur à son génie; elle faillit compromettre l'existence des maîtres coureurs.

fournir les chevaux nécessaires aux entrepreneurs de messageries, privilège qui fut enlevé aux maîtres de poste par la loi du 9 vendémiaire an VI.

« Le roi défend très expressément, disait l'édit de
» 1602, à toutes personnes, de quelque qualité et
» condition qu'elles soient, de tenir des chevaux
» à louage sans l'exprès congé et permission du
» controlleur général des postes, sous peine de
» vingt écus d'amende et de confiscation des dits
» chevaux, applicable aux maistres des postes à
» qui le fait touchera et l'autre moitié aux *dénon-*
» *ciateurs*. »

Sully fut pendant quelque temps contrôleur général des postes. Après lui Louvois, Colbert et Turgot devaient occuper les mêmes fonctions sous le titre de contrôleur général ou de surintendant des postes.

En 1627, les courriers commencent à partir et à arriver à jour fixe; et, le 16 octobre de la même année, M. d'Alméras, général des postes et relais de France, fait paraître un règlement par lequel « il dé-
» fend à ses commis d'accepter aucuns paquets où
» il se puisse reconnaître autre chose que *lettres*
» *ou papiers*. »

Le même règlement « défend à tous particuliers
» qui voudront se servir de la voye de la poste pour

» l'envoy de leurs lettres et paquets d'y mettre or,
» argent, pierreries ou autres choses précieuses, à
» peine qu'où il en arriverait faute, nos dits commis
» et leurs distributeurs n'en demeureront respon-
» sables.

» Et néanmoins, pour ne pas priver le public de
» cette commodité et de l'*envoi de petites sommes*
» *pour instructions de procès ou autrement,*
» ordonnons à nos commis desdits bureaux de
» tenir entre eux correspondance de *remises,* et de
» recevoir les deniers qui leur seront présentés à
» découvert, dont ils chargeront leur registre,
» pourvu qu'ils n'excèdent la somme de *cent livres*
» de chaque particulier, et de se contenter d'un
» prix raisonnable pour le port d'iceux, à pro-
» portion de la distance des lieux; sauf à nos dits
» commis d'augmenter leurs dites correspondances
» pour la commodité publique, selon et ainsi que
» nous jugerons à propos et qu'il sera par nous
» ordonné. »

Voilà le service des *articles d'argent* établi. Par
le même règlement, M. d'Alméras établit un tarif
pour la taxe des lettres, mettant ainsi un terme
à un véritable abus : celui qui s'était toujours
perpétué, de laisser aux envoyeurs le soin de taxer

leurs lettres, abus qui, il faut bien le dire, était une source d'exactions de la part des agents des postes.

M. d'Alméras était contrôleur général des postes et relais depuis quinze ans, lorsque le cardinal de Richelieu, le 31 décembre 1629, supprima sa charge et le remplaça par trois surintendants généraux. Ils exerçaient leurs fonctions alternativement et achetaient leur charge 350,000 livres. Le 25 mai 1630, Richelieu crée encore, et toujours moyennant finances, des charges de *conseillers de Sa Majesté, maîtres des courriers et contrôleurs provinciaux* des postes de France, qui percevaient à leur profit le produit de la taxe des lettres.

En 1663, Louvois devient surintendant général des postes, et, le 19 mars 1672, il fait accorder, par arrêt du Conseil, au sieur Lazare Patin, pour cinq années, moyennant 1,200,0) livres par an, l'exploitation des postes et messageries de la France entière. Pour indemniser l'Université, on lui donne une rente annuelle de 300,000 livres sur la ferme des postes, et elle consent à résigner le privilège qu'elle exploitait depuis Louis X.

En 1673, Lazare Patin obtient un édit qui lui garantit son privilège :

« Il est défendu à tous coches et carosses, tant
» par eau que par terre, cocquetiers, poulaillers,
» beurriers, voituriers, mulletiers, piétons et tous
» autres, *de porter aucunes lettres* et paquets de
» lettres de quelque sorte et nature que ce soit,
» à l'exception seulement des lettres de voiture
» des marchandises dont ils seroient chargez, icelles
» non cachetées ni fermées. »

A cette époque (1673), l'échelle de progression
des taxes était ainsi fixée :

	Lettres simples	Doubles	Pesant une once
Au-dessous de 25 lieues.	2 sols	3 sols	4 sols
De 25 à 60 lieues	3 —	4 —	5 —
De 60 à 80	4 —	5 —	8 —
Au delà de 80 lieues . . .	5 —	6 —	10 —

De 1672 à 1786, l'exploitation des postes fut af-
fermée vingt et une fois.

Le dernier bail, dont le prix annuel était de
10,800,000 livres, expirait en 1792; en 1788, il fut
porté à 12,000,000, en considération de la suppression d'un grand nombre de franchises.

La loi des 10 et 14 août 1790 déclare que le secret
de lettres confiées à la poste est inviolable.

Une autre loi du 26 du même mois astreint les
administrateurs et employés des postes à prêter

serment, les premiers devant le roi, les autres devant les juges ordinaires; « *de garder et observer* » *fidèlement la foi due au secret des lettres, et de* » *dénoncer aux tribunaux qui seront indiqués* » *toutes les contraventions qui pourraient avoir* » *lieu et qui parviendraient à leur connaissance.* »

Le régime des fermes cessa en 1790.

Le monopole fut maintenu et fortifié par les lois des 29 août 1790, 22 août 1791, 7 avril, 23 et 24 juillet 1793, 25 vendémiaire et 27 ventôse an III, arrêtés des 2 nivôse, 7 fructidor an V, 26 ventôse an VII, 27 prairial an IX et 19 germinal an X. La loi du 4 thermidor an IV admet la circulation des journaux et ouvrages périodiques. La loi du 5 nivôse an V inaugure les *lettres chargées.* Les chargements sont soumis au double port. La taxe doit être acquittée par l'envoyeur. La loi du 22 brumaire an VIII établit un droit de 35 centimes sur les articles d'argent au-dessus de 10 francs, et celle du 18 fructidor an VIII règle les franchises. Un arrêté des consuls, du 7 nivôse an X, s'occupe du port des lettres tombées en rebut. Six mois après leur dépôt, les lettres dont ni les destinataires ni les auteurs n'auront pu être découverts, seront détruites par les agents de l'administration.

En 1815, un grand nombre de villes importantes étaient encore privées de relations journalières.

La loi du 15 mai 1827 vient apporter dans le système de la taxation des améliorations depuis longtemps réclamées. La taxe reste soumise à la progression des poids, mais elle est déterminée par la distance existant en ligne droite entre le bureau de départ et le bureau de destination. La progression de la taxe, en raison de la distance, procède de la manière suivante :

				Fr.	Cent.
Jusqu'à 40 kilomètres inclusivement.				»	20
Au-dessus de 40 kilomètres jusqu'à 80				»	30
—	80	—	150	»	40
—	150	—	220	»	50
—	220	—	300	»	60
—	300	—	400	»	70
—	400	—	500	»	80
—	500	—	600	»	90
—	600	—	750	1	»
—	750	—	900	1	10
—	900	—	»	1	20

La taxe reste naturellement soumise à la progression des poids.

La loi du 28 mai 1850 porte la taxe de la lettre simple à 25 centimes, pour revenir à 20 centimes.

On comprit bien vite la vérité de ce principe d'économie politique :

Qu'à une diminution de taxe correspond toujours une augmentation de recette.

La prime à l'affranchissement, essayée à Paris le 1er juillet 1853, fut généralisée en France le 20 mars 1854, et le Trésor autant que le public s'aperçut de plus en plus des bienfaits de la réforme postale.

Nous avons terminé cette revue historique trop courte, et arrivés à l'époque actuelle, nous pouvons apprécier les améliorations de toute nature, les réformes intelligentes, les innovations hardies que le Ministère des postes et télégraphes a su faire triompher depuis quelques années.

Aujourd'hui il n'y a pas une seule commune, en France, qui ne reçoive la visite quotidienne du facteur rural et qui ne possède une boîte aux lettres. Dans un certain nombre de localités, les facteurs stationnent pendant quelque temps, ce qui permet aux habitants de répondre par le retour du courrier. Dans les grandes villes, les facteurs font quatre distributions par jour. Paris en possède neuf. Les bureaux ambulants, essayés timidement en 1844, roulent maintenant sur toutes les voies ferrées.

Des boîtes mobiles sont adaptées à toutes les voitures des courriers et à la plupart des gares de chemins de fer. Les *paquebots-poste*, subventionnés par l'État, admirablement installés pour le transport des dépêches et des voyageurs, font flotter le pavillon français sur toutes les mers.

Une nouvelle ligne, celle de l'Australie, appelée à rendre d'immenses services, sera inaugurée très prochainement.

———

L'Union postale a supprimé les tarifs différentiels et les douanes postales.

Des tarifs nouveaux, excessivement réduits, permettent l'échange incessant des idées, facilitent les négociations commerciales, dans les meilleures conditions de rapidité et de sécurité, non seulement d'un bout à l'autre de l'Europe, mais d'un bout à l'autre du monde.

L'accroissement de son revenu postal témoigne de l'activité d'un pays, et en France cet accroissement est régulier et continu.

Conformément à la loi du 7 avril 1879, le public a été admis, à partir du 15 juin de la même année, à déposer aux guichets de tous les établissements de poste de France et d'Algérie les quittances, factures, billets, traites, et généralement toutes les valeurs commerciales ou autres dont il veut faire opérer le recouvrement, et le service des postes a été autorisé, par la même loi, à recevoir les abonnements aux journaux, revues, recueils périodiques, moyennant un faible droit.

Enfin, depuis le 1er janvier dernier, le Ministère des postes et des télégraphes a ouvert les guichets de tous ses bureaux au service de la Caisse d'épargne postale, permettant ainsi aux habitants des villages les plus reculés, comme aux habitants des villes, de placer leurs économies dans toutes les conditions de sécurité désirables.

La nouvelle loi a été accueillie avec la plus vive reconnaissance et le succès a dépassé toutes les prévisions.

TÉLÉGRAPHIE

L'art de la télégraphie est très ancien. Les Grecs et les Romains employaient des signaux de feu pour correspondre au loin.

Les premiers travaux de télégraphie chez les modernes sont dus au docteur Hooke, qui vivait au XVIIe siècle. En 1667, il avait même pressenti, sinon le téléphone actuel, du moins la transmission du son à distance.

Mais la télégraphie n'a été mise en pratique réellement qu'en 1792, par l'invention du télégraphe aérien de Chappe.

On construisit cinq lignes qui partaient de Paris et aboutissaient à Lille, Brest, Perpignan, Toulon et Strasbourg.

La télégraphie électrique, née d'hier, développe chaque jour son réseau.

Elle traverse les montagnes, franchit les océans et transmet la pensée avec la rapidité de l'éclair. Marseille et Yokohama, le Havre et Valparaiso, se donnent la main et correspondent en quelques minutes.

L'appareil à cadran de Bréguet a été remplacé par l'appareil Morse et par les appareils perfectionnés Hughes, Baudot, Meyer, Wheatstone.

Enfin la télégraphie optique, mise en pratique tout récemment, a rendu les plus grands services à nos troupes, en Algérie et en Tunisie.

La télégraphie électrique est arrivée à reproduire l'écriture même des individus.

Dans un avenir peut-être peu éloigné, grâce à la

téléphonie, qui ouvre à la science des horizons nouveaux, on pourra transmettre la parole à de grandes distances.

L'invention qui a illustré Graham-Bell reçoit chaque jour des modifications. Il semblait qu'on ne pouvait pas aller plus loin dans la voie du merveilleux, et cependant chaque jour apporte avec lui un progrès et un perfectionnement.

Grâce à la poste et au télégraphe, réunis sous la même bannière, celle du progrès économique, l'instruction des populations et la diffusion des lumières prennent chaque jour une extension que nos pères n'auraient jamais osé espérer.

GUIDE MANUEL

DU

POSTULANT AU SURNUMÉRARIAT

des Postes et des Télégraphes

ET A L'EMPLOI D'AUXILIAIRE DES TÉLÉGRAPHES

PREMIÈRE PARTIE

ARRÊTÉ OFFICIEL ET QUESTIONS POSÉES

Dans les différents examens, depuis le 24 décembre 1878

MINISTÈRE DES POSTES ET DES TÉLÉGRAPHES

Arrêté déterminant les conditions d'admission :

1o A l'emploi de surnuméraire des postes et des télégraphes;

2o A l'emploi de commis titulaire des postes et des télégraphes;

3o A divers emplois supérieurs du ministère des postes et des télégraphes.

LE MINISTRE DES POSTES ET DES TÉLÉGRAPHES,

Vu les décrets des 22 décembre 1877, 27 février et 20 mars 1878;

Vu l'arrêté du 23 octobre 1878,

Arrête :

TITRE Ier

CONDITIONS D'ADMISSION A L'EMPLOI DE SURNUMÉRAIRE

Art. 1er. — L'admission au surnumérariat des postes et des télégraphes a lieu conformément aux règles ci-après.

Art. 2. — Tout candidat surnuméraire doit adresser sa demande au directeur des postes et des télégraphes du département où il réside. Cette demande doit être accompagnée des pièces suivantes :

1o Extrait de l'acte de naissance du candidat, dûment légalisé ;

2o Extrait de son casier judiciaire ;

3o Déclaration de ses parents s'engageant à subvenir à ses besoins, pendant la durée du surnumérariat.

Art. 3. — Nul ne peut être admis comme surnuméraire s'il n'est Français, âgé de dix-sept ans révolus et vingt-cinq ans au plus, et reconnu apte au service par le médecin assermenté, et s'il n'a subi avec succès l'examen dont le programme suit :

1o Une page d'écriture faite sous la dictée ;

2o La même page recopiée à main posée ;

3o Rédaction d'une note ou d'une lettre sur un sujet donné ;

4o Formation d'un tableau conforme à un modèle donné ;

5o Arithmétique élémentaire (les quatre premières règles, les fractions, les règles de trois simples et le système métrique) ;

6o Géographie générale des cinq parties du monde. Grandes divisions politiques. Villes principales. Notions détaillées sur la France.

Par exception, peuvent être admis, après vingt-cinq ans

et jusqu'à trente ans, les sujets qui justifient, soit de cinq ans de services civils, soit de cinq années de services militaires, soit de trois années de participation, en qualité d'aide ou de commis auxiliaire, au travail d'un bureau de poste ou de télégraphe.

ART. 4. — Indépendamment des épreuves obligatoires prescrites par l'art. 3, les candidats sont admis facultativement, et sur leur demande, à en subir d'autres sur tout ou partie des matières indiquées ci-après :

1º Géographie (chemins de fer, postes et télégraphes);

2º Arithmétique (règles de trois composées et de proportions);

3º Algèbre élémentaire;

4º Géométrie pratique, mesure des surfaces;

5º Physique } élémentaires;
6º Chimie }

7º Dessin linéaire et lavis;

8º Langues étrangères;

9º Connaissances postales ou télégraphiques.

ART. 5. — Les candidats reconnus admissibles seront nommés surnuméraires par ordre de classement, et placés au fur et à mesure des vacances dans une école de télégraphie ou dans un bureau, à défaut de vacances dans ces écoles.

ART. 6. — Les commis auxiliaires peuvent prendre part à l'examen du surnumérariat, et s'ils ont subi les épreuves avec succès, sont admis à conserver, pendant toute la durée du surnumérariat, la rétribution attachée à leur emploi d'auxiliaires.

Une indemnité de 600 fr. peut être accordée à un certain nombre de surnuméraires classés en tête de la liste des candidats admis et ne jouissant pas, déjà, du bénéfice de la rétribution des commis auxiliaires.

TITRE II

CONDITIONS D'ADMISSION A L'EMPLOI DE COMMIS TITULAIRE

ART. 1er. — Le personnel des commis titulaires se recrute parmi les surnuméraires.

ART. 2. — Peuvent exceptionnellement être nommés commis après trois ans de service :

1º Les receveurs des bureaux simples de toute catégorie ;

2º Les commis auxiliaires et les aides des bureaux simples de première ou de deuxième classe, et les sous-agents des postes ou des télégraphes qui ont satisfait aux épreuves de l'examen du surnumérariat.

TITRE III

CONDITIONS D'ADMISSION AUX EMPLOIS SUPÉRIEURS

ART. 1er. — Tout agent des postes et des télégraphes est admis, sur sa demande, à subir l'examen dit *du second degré*, dont le programme suit :

ÉPREUVES ÉCRITES

Partie postale

1º Composition sur un sujet ayant trait au service des postes ;

2º Reconstitution des diverses pièces d'un dossier (en général : réclamation à l'occasion d'un fait de service ; demande de renseignements ou d'explications à l'agent incriminé ; réponse de l'agent ; conclusions à prendre ; notification au réclamant des résultats de l'information ; lettre à l'agent avec exposé précis des dispositions réglementaires, ou bien examen soit d'un dossier d'organisation de service de transport de dépêches, soit d'un projet de création de bureau ou d'emploi, avec plan à l'échelle du local proposé ; tracé des itinéraires de courriers ou de facteurs) ;

3º Rapport à l'administration, ou lettre à un particulier ou à un fonctionnaire.

Partie télégraphique

1º Rapport sur un sujet ayant trait au service des télégraphes ;

2º Composition sur un des sujets indiqués ci-dessus pour les épreuves orales.

ÉPREUVES ORALES
Partie postale

Itinéraire des services maritimes français et étrangers. Parcours des bureaux ambulants.

Connaissance approfondie de toutes les parties de l'instruction générale sur le service des postes.

Connaissance des lois et ordonnances relatives au service des postes.

Partie télégraphique

Lignes principales du réseau télégraphique de la France et des pays étrangers.

Étude pratique des divers appareils télégraphiques en usage en France. — Exercices de manipulation et de lecture. — Entretien des piles en usage.

Notions sur la construction des lignes terrestres, souterraines et sous-marines, l'installation et l'isolement des fils. — Vérification des lignes. — Classification et recherche des dérangements.

Exploitation : organisation du réseau intérieur. — Règles du service intérieur et international. — Tarifs. — Comptabilité en deniers et en matières du service télégraphique.

Connaissance des lois et règlements relatifs aux services des télégraphes.

Partie scientifique et administrative

Arithmétique complète, algèbre élémentaire.

Géométrie élémentaire, dessin linéaire et lavis.

Géographie générale, géographie de la France et des colonies françaises.

Éléments de physique.

Éléments de chimie.

Organisation administrative de la France.

ART. 2. — Les candidats subissent l'examen écrit et l'examen oral en deux épreuves distinctes.

Ne sont admis aux épreuves orales que les agents ayant d'abord satisfait aux épreuves écrites.

Tout candidat qui aurait échoué à *trois* reprises différentes à l'une ou à l'autre des épreuves de l'examen supérieur, ou qui n'aurait pas voulu subir ces épreuves, ne pourrait prétendre aux emplois désignés ci-après :

Chef et sous-chef de bureau à l'administration centrale ;

Directeur de l'exploitation ;

Inspecteur et sous-inspecteur de l'exploitation ;

Contrôleur des lignes ;

Receveurs de bureaux composés de première et de deuxième classe ;

Commis de direction.

Les agents qui auront subi avec succès les épreuves de l'examen pourront recevoir un avancement *hors tour*, sous la condition d'une année d'ancienneté à leur grade.

Il leur sera réservé les trois quarts des emplois de commis vacants à l'administration centrale.

ART. 3. — Les dispositions des art. 1 et 2 ne sont pas applicables aux élèves de l'École supérieure de télégraphie qui auront satisfait aux examens de sortie.

Ces dispositions n'ont pas d'effet rétroactif, les agents

admis au service, à partir du 1er janvier 1879, devant être seuls assujettis aux conditions nouvelles. Les règlements anciens sur l'avancement continueront d'être appliqués aux agents entrés au service antérieurement à cette date.

Toutefois, les agents des postes qui auront passé avec succès, conformément à l'arrêté du 18 août 1863, l'examen du « second degré » jouiront des immunités *nouvelles* stipulées au présent arrêté, s'ils subissent les épreuves auxquelles ils n'ont pas encore pris part.

TITRE IV

TENUE DES EXAMENS

Art. 1er. — Examen du surnumérariat.

Les épreuves de l'examen du surnumérariat sont subies au chef-lieu du département auquel appartiennent les candidats, et sous la surveillance d'un comité composé du directeur, de l'inspecteur ou sous-inspecteur le plus ancien en grade et du receveur principal.

Les compositions sont appréciées et classées à Paris par une commission spéciale.

Les épreuves sur chaque matière sont cotées de 0 à 20 points. Aucun candidat n'est admissible s'il n'a obtenu une moyenne de 10 points sur chacune des parties de l'examen qui sont obligatoires, soit en tout 60 points.

EXAMEN DU SECOND DEGRÉ

Art. 2. — Les épreuves écrites sont subies dans des centres déterminés à cet effet. Les compositions des candidats sont revisées à Paris par une commission spéciale.

Les épreuves orales sont subies devant un comité spécialement désigné par le Ministre pour chaque concours.

La valeur des compositions écrites et des réponses orales est représentée par un chiffre qui ne peut excéder 20.

L'importance relative des matières d'examen est indiquée dans la deuxième colonne du tableau ci-après :

MATIÈRES D'EXAMEN	MAXIMUM de la moyenne à obtenir	COEFFICIENT à raison de	CHIFFRE maximum des points	TOTAUX
ÉPREUVES ÉCRITES				
1° Composition sur un sujet ayant trait au service des postes.....	20	4	80	
2° Reconstitution des diverses pièces d'un dossier............	20	4	80	
3° Rapport à l'administration ou lettre à un particulier ou à un fonctionnaire	20	2	40	360
1° Rapport sur un sujet ayant trait au service des télégraphes.	20	4	80	
2° Composition sur un des sujets indiqués pour les épreuves orales	20	4	80	
ÉPREUVES ORALES				
Géographie postale, télégraphique et générale...................	20	3	60	
Service postal...................	20	2	40	
Service télégraphique...........	20	2	40	
Arithmétique et algèbre.........	20	1	20	
Géométrie et dessin............	20	1	20	240
Physique.....................	20	1	20	
Chimie.......................	20	1	20	
Organisation administrative de la France....................	20	1	20	
Langues étrangères............	20	1/2	10	10
Tenue. Instruction générale.....	20	1/2	10	10
TOTAL.....................				620

N. B. — Un diplôme complet de bachelier ès lettres ou ès sciences comptera pour vingt-cinq points, et les deux diplômes réunis pour soixante-quinze points. Le diplôme de licencié en droit ou celui de sortie d'une école supérieure comptera, en outre, pour cinquante points, et, s'il est ajouté aux deux diplômes de bachelier, pour soixante-quinze points.

Nul postulant ne peut être admis à subir l'examen oral s'il n'a obtenu au moins 200 points à l'examen écrit.

Les agents ayant obtenu au moins 400 points au total sont seuls déclarés aptes à prétendre aux emplois supérieurs.

TITRE V

DISPOSITIONS DIVERSES

ART. 1er. — La durée des cours d'enseignement suivis par les surnuméraires dans les écoles de télégraphie est de cinq à six mois. Le programme des matières enseignées comprend :

1º *Algèbre*. Notions élémentaires et équations du premier degré ;

2º *Chimie*. Notions générales sur les corps simples et sur les corps utilisés en télégraphie ;

3º *Physique*. (Électricité.) Notions générales sur l'électricité statique, le courant électrique et les piles ;

4º *Mécanique*. Notions générales. Centre de gravité. Levier et transmission de mouvement. Mouvement d'horlogerie ;

5º *Service télégraphique*. Instruction sur les bureaux municipaux. Instruction sur le service des gares. Tarifs étrangers. Service des mandats. Tenue des écritures ;

6º *Télégraphie*. Notions sur les lignes et étude détaillée des appareils ;

7º *Cours complet de l'appareil Hughes ;*

8º *Géographie*. Chemins de fer. Postes et télégraphes ;

9º *Arithmétique élémentaire complète*. Connaissance du système métrique, fractions ordinaires décimales, règles de proportions et règles de trois ;

10º *Géométrie pratique*. Mesure des surfaces et des volumes ;

11º *Dessin*. Croquis de tous les appareils ;

12º *Notions pratiques sur le service des postes et des télégraphes.*

ART. 2. — L'arrêté du 23 octobre 1878 est rapporté.

(Arrêté du 21 novembre 1879).

AVIS

L'arrêté déterminant les conditions d'admission à l'emploi de surnuméraire des postes et télégraphes a reçu son application, pour la première fois, le 24 décembre 1878.

Nous plaçons sous les yeux du candidat les questions obligatoires et facultatives posées à cet examen et aux examens suivants. — Ils pourront ainsi se rendre parfaitement compte de l'importance du nouveau programme et se préparer en conséquence.

Nota. — *Voir à la fin du volume les renseignements utiles aux candidats à l'emploi de commis auxiliaires.*

EXAMEN DU 20 NOVEMBRE 1879

PARTIE OBLIGATOIRE

DICTÉE

L'histoire, quelle que soit l'idée que l'on s'en soit faite, ne doit être que l'expression des faits les plus mémorables et des actions les plus célèbres; c'est la lumière des temps, dit Cicéron, c'est le flambeau de la vérité, la règle de la conduite et des mœurs.

Tel doit être le but des auteurs consciencieux; c'est là que les grands écrivains se sont, pour ainsi dire, donné rendez-vous depuis que la civilisation a policé les nations. Auparavant, c'étaient les poètes qui écrivaient l'histoire; mais quoi que l'on puisse alléguer en leur faveur, on ne saurait leur accorder une croyance complète. Ils se sont attachés plutôt à embellir, par les fictions de la poésie, des fables qu'ils avaient entendu raconter, qu'à chercher la vérité. De beaux vers ont suffi pour faire passer, de siècle en siècle, ces traditions divertissantes, tout incroyables, tout extravagantes qu'elles étaient. C'est ainsi qu'Homère nous a transmis les exploits fabuleux des anciens héros de la Grèce; mais il a fallu un Thucydide, un Xénophon, un Hérodote, pour écrire l'histoire.

N. B. — La ponctuation ne sera pas dictée.

RAPPORT, LETTRE OU NOTE
A RÉDIGER PAR LE POSTULANT SUR UN SUJET DONNÉ

Rendre compte d'un accident de chemin de fer.

ÉTAT

LEVÉE DES BOITES ET DISTRIBUTION A DOMICILE

NUMÉROS DES LEVÉES	LEVÉES DES BOITES					HEURES DES DISTRIBUTIONS correspondant aux levées des boîtes
		HEURES DES LEVÉES AUX BOITES				
		DE QUARTIER		DES BUREAUX		
		des communes annexées	de Paris	des communes annexées	de Paris	de l'Hôtel des Postes

QUESTIONS

SUR LES QUATRE PREMIÈRES RÈGLES DE L'ARITHMÉTIQUE, SUR PLUSIEURS PROBLÈMES DE L'ARITHMÉTIQUE ÉLÉMENTAIRE

Trouver le nombre qui, multiplié par 345,75 donnerait pour produit 12,965,625?

Un propriétaire a affermé une prairie dans laquelle on récolte annuellement 12,500 bottes de foin. Dire combien le fermier doit vendre la botte pour gagner 444 fr., sachant qu'il paye 6,644 fr. pour cette prairie?

Le décimètre cube d'un certain bois pèse 845 grammes. Combien pèseront 18 décistères du même bois?

Quelle somme renferme un sac rempli de pièces de 5 francs en argent et pesant 7 kilogr. 450 gr., sachant que le sac seul pèse 150 gr.?

Un chemin de fer prend 25 centimes par tonne et par kilomètre; quelle somme faudra-t-il rembourser pour transporter 30,000 kilogr. à 70 myriamètres?

QUESTIONS

DE GÉOGRAPHIE ÉLÉMENTAIRE

Quelles sont les colonies françaises d'Afrique?

Où sont situées les villes suivantes : Baltimore, Leipzig, Caboul, Québec, Trébizonde, Messine?

Quelles sont les bornes de la Guyane française?

Quelles sont les mers secondaires en communication avec la Méditerranée?

Quels sont les départements limitrophes de l'Espagne et les départements baignés par la Manche?

PARTIE FACULTATIVE

ARITHMÉTIQUE — ALGÈBRE — GÉOMÉTRIE

QUESTIONS

Arithmétique

Trois personnes se sont associées et ont apporté :

La 1re, 1,850 fr. pendant 15 mois ;

La 2e, 2,200 fr. pendant 9 mois ;

La 3e, 800 fr. pendant 2 ans et 4 mois.

Elles ont fait un bénéfice total de 5,400 fr. On demande quelle sera la part de chacune ?

Algèbre

Résoudre l'équation :

$$\frac{7x}{8} - \frac{3}{4} = \frac{1}{6} + \frac{5x}{12}$$

Géométrie

Un bassin a 36 mètres de diamètre. Quelle est sa superficie ?

Quelle est la surface latérale d'un cylindre ayant 2 mètres 50 cent. de circonférence et 4 mètres de hauteur ?

GÉOGRAPHIE

QUESTIONS

Quelles sont les principales villes situées sur la ligne de chemin de fer de Bordeaux à Cette et sur celle de Paris à Brest ?

Quelles sont les villes principales traversées par la ligne télégraphique de Paris à Vienne (voie de Munich) ?

PHYSIQUE — CHIMIE — DESSIN LINÉAIRE

QUESTIONS

Physique

Qu'entend-on par corps conducteur de l'électricité ?
Et par corps isolant ?
Citer des exemples.

Chimie

Quelle est la composition chimique de l'eau ?
Et celle du sulfate de cuivre ?

Dessin linéaire

Dessiner d'après nature une porte ou une fenêtre.

LANGUES ÉTRANGÈRES

TEXTES A TRADUIRE

Composition allemande

Le Printemps

Es war ein gesegnetes Jahr. Auf den Feldern grünte und blühte gar herrlich Korn und Waisen und Gerste und Hafer; die Bauerjungen gingen in die Schoten, und das liebe Vieh in den Klee; die Bäume hingen so voller Kirschen, dass das ganze Heer der Sperlinge, trotz dem besten Willen alles kahl zu picken, die Hälfte übrig lassen musste zu sonstiger Verspeisung. Alles schmauste sich satt tagtäglich an der grossen offnen Gasttafel der Natur.   HOFFMANN.

Composition anglaise

Dangers des voyages au XVIIᵉ siècle

Whatever might be the way in which a journey was performed, the travellers, unless they were numerous and well armed, ran considerable risk of being stopped and plundered. The mounted highwayman, a marauder known to our generation only from books, was to be found on every main road. The waste tracts which lay on the great routes near London were especially haunted

by plunderers of this class... The Cambridge scholars
trembled when they approached Epping Forest, even in
broad daylight. Seamen, who had just been paid off at
Chatham, were often compelled to deliver their purses
on Gadshill, celebrated near a hundred years earlier by
the greatest of poets as the scene of depredations of Poins
and Falstaff. MACAULAY.

Composition italienne

Charles-Albert après la bataille de Novare

Quando a Carlo Alberto giunsero avvisi certi degli
sforzamenti e delle rapine che si commettevano dai sol-
dati suoi propri, allora quel grande infelice sclamò, con
profondo trambasciamento del core : « Ahi ! tutto è per-
duto, ed anche l' onore. » Nè potendo ristarsi, nè quie-
tare, nè ·correre, cavalcava agitato e affrettato lungo gli
spalti della città. Narrano ch' egli meditando una fazione
cosi temeraria come gloriosa, facesse interrogare alcun
drappello di cavalieri, se volenavo a un mortale cimento
seguirlo : risposero che volontieri ; ma che, per estremo
di fatica, più non reggevano la persona e le armi.

T. MAXIAMI.

Composition espagnole

Matinée d'un jeune homme

Yo no soy amigo de levantarme tarde ; á veces hasta
madrugo ; dias hay que á las diez ya estoy en pié. Tomo
té, y alguna vez chocolate : es preciso vivir con el pais.

Si á esas horas ha parecido ya algun periódico, me lo
entra mi criado, despues de haberle ojeado él. Tiendo
la vista por encima, leo los partes, que se me figura
siempre haberlos leido ya; todos me suenan á lo mismo.
Entra otro, lo cojo, y es la secunda édicion del primero.
Los periódicos son como los jóvenes de Madrid, no se
diferencian sino en el nombre... Como á aquellas horas
no tengo ganas de volverme á dormir, dejo los periódicos; me rodeo al cuello un echarpe, me introduzco
en un surtú, y á la calle del Principe. Encuentro á todos mis amigos que hacen otro tanto; me paro con todos
ellos pro cigarros en un café, saludo á alguna asomada
y me vuelvo á casa á vestir.

Don M. José de Larra.

Matières facultatives pour les candidats étrangers à l'administration, mais obligatoires pour les aides et les auxiliaires

---

CONNAISSANCES POSTALES

QUESTIONS

Quelle somme l'administration est-elle tenue de rembourser en cas de perte d'une lettre ou d'un objet recommandé, et dans quel délai le destinataire doit-il faire
sa réclamation ?

Quelles sont les formalités à remplir pour obtenir le
payement d'un mandat d'article d'argent périmé ?

CONNAISSANCES TÉLÉGRAPHIQUES

QUESTIONS

Quelle est la taxe d'un télégramme de vingt-cinq mots de Paris pour Rome?

Quelles sont les mentions relatives aux dépêches spéciales qu'on représente en formules abrégées et qui sont comptées chacune pour un mot?

EXAMEN DU 8 AVRIL 1880

PARTIE OBLIGATOIRE

DICTÉE

Des Tremblements de terre

Tous les points du globe sont sujets aux tremblements de terre; mais certaines contrées y sont infiniment plus exposées que les autres : ce sont celles où se produisent les éruptions volcaniques. C'est qu'en effet ces deux sortes de phénomènes proviennent de la même cause. La terre tremble par suite des efforts que font, pour s'échapper, les matières en fusion, le gaz ou les vapeurs, que recèlent ses entrailles ; les secousses ne cessent ordinairement que lorsque ces matières, ces gaz ou ces vapeurs, se sont fait jour par une bouche volcanique. Aussi les grands tremblements de terre sont-ils habituellement suivis de l'éruption d'un ou de plusieurs volcans. Toutefois, si vastes et si nombreux que soient ces derniers, ils ne suffisent pas toujours à préserver notre globe des effets des tremblements de terre. Ainsi, il y a une vingtaine d'années, quelles qu'aient été les masses de lave et de cendres qui se sont répandues par les bouches du Vésuve, elles n'ont pu éviter à la Calabre les effrayantes secousses qui ont détruit une multitude de bourgs et de villages et coûté la vie à plus de trente mille personnes.

N. B. — La ponctuation ne sera pas dictée.

RAPPORT, LETTRE OU NOTE

A RÉDIGER PAR LE POSTULANT SUR UN SUJET DONNÉ

Faire ressortir, dans une note, l'importance des voies de communication pour la prospérité du pays.

ÉTAT

Ampliation d'arrêtés de nominations ou de promotions

DATE D'EXÉCUTION	AGENTS NOMMÉS OU PROMUS				RÉSIDENCE (OU SERVICE)		AGENTS SORTANTS		MOTIFS ET DATE de la sortie
	NOMS	GRADES	TRAITEMENTS		ancienne	nouvelle	NOMS	TRAITE-MENTS	
			anciens	nou-veaux					
1	2	3	4	5	6	7	8	9	10

GÉOGRAPHIE

QUESTIONS

GÉOGRAPHIE DE LA FRANCE

I. Répondre, pour le département d'Indre-et-Loire, aux questions suivantes :

1º Nommer le chef-lieu et les sous-préfectures;

2º Énumérer les départements limitrophes, en partant du Nord et en tournant de gauche à droite.

II. Mêmes questions pour le département de la Haute-Marne.

III. Mêmes questions pour le département de la Corrèze.

IV. Indiquer, pour chacune des villes suivantes, le département où elle se trouve et sa situation géographique par rapport au chef-lieu : Nontron, Grasse, Gannat, Vitré, Châteaudun, Doullens, Dôle, Rochechouart.

GÉOGRAPHIE GÉNÉRALE

I. Indiquer dans quelle mer se jette chacun des fleuves suivants : le Rio-de-la-Plata, l'Èbre, le Don, le Tigre.

II. Nommer les principales îles des Antilles, en les groupant par nationalités.

III. Quelles sont les bornes de l'Égypte ?

IV. Où se trouvent les villes suivantes : Aboukir, Bragance, Ispahan, Lima, Madère, Pesth.

QUESTIONS D'ARITHMÉTIQUE

ET SYSTÈME MÉTRIQUE

Arithmétique

Quatre personnes se sont associées pour une entreprise :

La 1re a apporté.......... 3,420 fr.
La 2e —   7,860
La 3e —   5,780
La 4e —   8,970

Elles ont fait un bénéfice de 6,850 fr. Quelle part en revient-il à chacune, au prorata du capital versé?

Un marchand a vendu successivement 1/3, 1/4 et 1/6 d'une pièce de drap. Quelle était la longueur de cette pièce, s'il ne lui en reste plus que 6^{m}50?

NOTA. — Les solutions comportent les raisonnements développés et les opérations détaillées.

Système métrique

Un terrain de 2 hectares 3 ares 4 centiares, a été payé 8,760 fr. Que vaut le mètre carré de ce terrain et combien faut-il le revendre pour gagner 20 centimes par mètre carré?

Exprimer en centimètres cubes la quantité d'eau distillée qu'il faudrait pour avoir le poids :

1° De 50 pièces de 5 fr. en argent;
2° De 50 pièces de 20 fr. en or.

NOTA. — Les solutions comportent les raisonnements développés et les opérations détaillées.

PARTIE FACULTATIVE

GÉOGRAPHIE

QUESTIONS

Quelles sont les principales villes traversées par un voyageur se rendant de Brest à Nice (voie de fer)?

ARITHMÉTIQUE — ALGÈBRE — GÉOMÉTRIE

QUESTIONS

Arithmétique

Calculer ce que devient un capital de 2,520 fr. placé à 5 %, intérêts composés pendant deux ans?

Algèbre

Trois personnes se partagent des oranges : la première en prend 2/5 plus 6; la deuxième en prend 1/3 plus 9, et la troisième prend 33 oranges qui restent. Combien y avait-il d'oranges et combien les deux premières personnes en ont-elles eu chacune?

Géométrie

On a peint 50 boulets de 25 centimètres de diamètre à raison de 75 centimes le mètre carré. Quel est le prix total?

Quelle doit être la longueur d'une salle large de 6ᵐ50 pour recevoir 64 élèves à raison de 3/4 de mètre carré par élève?

PHYSIQUE — CHIMIE — DESSIN LINÉAIRE

QUESTIONS

Physique

Quelles sont les propriétés principales des aimants?

Chimie

Propriétés, préparation et usages de l'hydrogène?

Dessin linéaire

Dessiner une chaise d'après nature.

LANGUES ÉTRANGÈRES

TEXTES A TRADUIRE

Composition allemande

Le Bosquet

Der Sturm brauset durch die Obstbäume des Gartens, die ihm keinen Wiederstand zu leisten vermögen, fährt sausend über Blumenbeete hin, und schüttelt ihren bunten Staub unbarmherzig auf die Erde. Ein unruhiger Aufenthalt! Gleich unangenehm ist es, wenn die Sonne des Mittags sengende Strahlen verbreitet, vor denen kein Schatten schützt, und wann ein stürmischer Westwind auf nassen Fittigen durch die Fluren brauset, wo dann kein dichtbelaubter Baum den Wanderer bedeckt. Aber hier, welcher Unterschied! Unter diesem

Laubgewölbe herrscht eine grüne Nacht, die kein Sonnenstrahl durchblickt, kein Sturm beunruhigt. Am heissen Mittag findet der Ermüdete hier kühle Schatten und sanfsäuselnde Lüfte, und wann ein Sturm sich erhebt, wandelt er unbesorgt in den luftigen Säulengängen der Bäume.

KAROLINE PICHLER.

Composition anglaise

La Ville de Brighton

There it lies, a big city, stretching itself out along the sea, with the brightest sunshine, the least possible amount of shade, the freshest air, and the best shops in England. And when one has said that, one has said all. Aboud the air and the sunshine, there can be no question. How any body manages to die at Brighton is a marvel! But the mania for improvement and enlargement has gotten hold of the dear old town. It thinks of nothing now but building; its unhappy residents live on brickdust and mortar, which fly in at their open windows, and mingle with their food and drink... Notwithstanding there is something in the air of Brighton that gives one fresh life. I have always maintained that, when my time comes. I shall go down to Brighton and breathe my last breath; but I very much fear that in that case I shall disappoint my friends by returning again better than new.

FLORENCE MARRYAT.

Composition italienne

Adieu aux Montagnes

Addio, monti sorgenti dalle acque ed elevati al cielo; cime ineguali, note a chi è cresciuto tra voi e impresse nella sua mente non meno che lo sia l' aspetto de' suoi più famigliari; torrenti de' quali distingue lo scroscio, come il suono delle voci domestiche; ville sparse e biancheggianti sul pendio, come branchi di pecore pascenti : addio! Quanto è triste il passo di chi, cresciuto tra voi, se ne allontana! Alla fantasia di quello stesso che se ne parte volontariamente, tratto dalla speranza di fare altrove fortuna, si disabelliscono in quel momento i sogni della ricchezza; egli si maraviglia d' essersi potuto risolvere, e tornerebbe allora indietro se non pensasse chè un giorno tornerà dovizioso. Quante più s' avanza nel piano, il suo occhio si ritira disgustato e stanco da quella ampiezza uniforme; l' aere gli par gravoso e morto; s'innoltra mesto e disattento nelle città tumultuose; le case aggiunte a case, le strade che sboccano nelle strade, pare che gli levino il respiro.

MANZONI.

Composition espagnole

Néron

En estos dias el emperador Neron, creciendo en edad, comenzó á crecer en vicios y á descubrir sus malas inclinaciones... Habiendo acabado tan buena jornada, como fué matar á su madre, aunque todos abian enten-

dido este hecho como habia pasado, los mas en su pre-
sencia lo approbaban y alababan, y se hicieron algunos
votos y sacrificios por haberle Dios escapado de la trai-
cion, y por se haber descubierto, dando á entender que
la tenia por verdadera... Viéndose librado de la auto-
ridad y gravedad de su madre que nunca dejó de ser
grande acerca dél, acabó de perder la vergüenza al
mundo, y soltó la rienda á sus bestiales apetitos, y sin
resistencia ninguna se dió á todo género de torpezas
y nefandisimas lujurias.   Pedro Mejia.

CONNAISSANCES POSTALES

QUESTIONS

Quel est le maximum de dimensions des boites renfermant des valeurs déclarées?

Quelles sont les pièces à produire pour obtenir le
payement d'un mandat télégraphique et dans quel délai
le destinataire doit-il se présenter.

CONNAISSANCES TÉLÉGRAPHIQUES

QUESTIONS

Quelle est la taxe d'un télégramme de quinze mots
de Paris à Berlin?

Comment compte-t-on les mots des télégrammes en
langage ordinaire dans le service intérieur?

EXAMEN DU 28 JUILLET 1881

PARTIE OBLIGATOIRE

DICTÉE

Les Gaulois

Lorsque les Romains, sous la conduite de César, s'avancèrent jusqu'aux régions du Nord, ils trouvèrent établis dans ces climats, qui paraissaient si sombres et si tristes à des hommes habitués au soleil et au ciel de l'Italie, des Barbares depuis longtemps en possession du pays qu'ils habitaient et dont les ancêtres avaient fait trembler Rome. Isolés depuis des siècles dans leurs solitudes et dans leurs forêts, les Gaulois que les Grecs avaient appelés Celtes, avaient une langue, une religion, des mœurs qui leur étaient propres. Renouvelés vers la fin du Xe siècle avant l'ère chrétienne, par l'invasion qui avait poussé vers l'Italie les hordes redoutables de Bellovèse, les Gaulois, ceux du moins que le voisinage de la province romaine n'avait pas civilisés et amollis, avaient conservé leurs anciennes coutumes et leurs anciennes vertus. Une religion mystérieuse et sévère leur inspirait la bravoure et le mépris de la vie. Leur gouvernement était sacerdotal : les Druides élisaient un des leurs pour exercer, pendant sa vie, l'autorité souveraine ; ils ne la lui déléguaient pas cependant tout entière. Quelle que fût d'ailleurs la puissance des Druides, elle s'appuyait plutôt sur l'opinion et la superstition des peuples que sur la force matérielle.

LETTRE OU NOTE

A RÉDIGER PAR LE POSTULANT SUR LE SUJET SUIVANT

L'agriculture et l'industrie sont les deux grandes sources de la prospérité de la France.

GÉOGRAPHIE

QUESTIONS

GÉOGRAPHIE DE LA FRANCE

I. Nommer, pour chacun des départements suivants : le chef-lieu et les sous-préfectures, et indiquer la situation de chacun de ces départements par une des indications : *Nord, Nord-Est, Nord-Ouest, Centre, Centre-Est, Centre-Ouest, Sud, Sud-Est, Sud-Ouest :* Basses-Alpes, Charente, Côtes-du-Nord, Gers, Maine-et-Loire, Saône-et-Loire, Somme, Vosges.

II. Indiquer dans quel département se trouve chacune des villes suivantes : Annonay, Cannes, Elbeuf, Granville, Maubeuge, Montereau, Saint-Jean-de-Luz, Vichy.

GÉOGRAPHIE GÉNÉRALE

I. Dans quelle île est Batavia; à qui appartient cette île ?

II. Où est l'île de Madagascar; par quel canal est-elle séparée du continent ?

III. Dans quel pays et sur quelle mer est San-Francisco?

IV. Dans quel pays et sur quelle mer est Trieste?

ARITHMÉTIQUE ET SYSTÈME MÉTRIQUE

QUESTIONS

I. On mélange des blés de trois qualités, savoir :

120 hectolitres valant 18^f 75 l'hectolitre ;

83	—	16 45	—
74	—	15 00	—

Que vaudra l'hectolitre du mélange ?

II. Un marchand a acheté une pièce de drap pour 11,780 fr. Il l'a revendue au détail pour une somme totale de 12,575 fr. 15 cent., avec un bénéfice de 2 fr. 70 cent. par mètre. On demande combien il avait acheté de mètres et combien il avait payé chaque mètre ?

III. — Un célibataire partage sa fortune entre 4 neveux dans la proportion suivante : 3/10 au premier, 2/7 au second, 3/14 au troisième et le reste au quatrième. Quelle fraction de la fortune totale représente la quatrième part ?

N. B. — Développer les calculs et expliquer les solutions des problèmes.

Tout résultat qui ne serait accompagné ni de calcul, ni d'explication raisonnée, serait considéré comme nul.

I. Quel est le prix d'un terrain de 1 hectare 7 ares, à raison de 1 fr. le mètre carré?

II. Combien une barrique de 3 mètres cubes 25 contient-elle de litres de liquide, lorsqu'elle est complètement remplie?

III. Exprimer le poids de 70 centilitres d'eau en hectogrammes?

IV. Exprimer le même poids en pièces de 5 fr.?

N. B. — Développer les calculs et expliquer les solutions des problèmes.

Tout résultat qui ne serait accompagné ni de calcul, ni d'explication raisonnée, serait considéré comme nul.

PARTIE FACULTATIVE

GÉOGRAPHIE

QUESTIONS

Itinéraire de Paris à Vienne (Autriche) par chemin de fer.

Villes principales du parcours.

Itinéraire des paquebots de Marseille à Hong-Kong.

Mers traversées; stations desservies.

ARITHMÉTIQUE — ALGÈBRE — GÉOMÉTRIE

QUESTIONS

Arithmétique

Trois personnes se réunissent pour exploiter une mine :

La première met 25,000 fr. pendant 6 ans;

La deuxième met 22,000 fr. pendant 5 ans;

La troisième met 30,000 fr. pendant 8 ans;

Les profits sont de 24,000 fr. : comment doivent-ils être partagés entre les trois associés?

Algèbre

Résoudre l'équation :

$$8\,x + \frac{5}{6}\,x - 3 = \frac{5\,x - {}^2}{7} + 46$$

Géométrie

Exprimer en ares et centiares la surface d'un hexagone régulier dont chaque côté a 10 mètres ?

PHYSIQUE — CHIMIE — DESSIN LINÉAIRE

QUESTIONS

Physique

Pourquoi une balle de plomb tombe-t-elle plus vite qu'une balle de liège de même grosseur ?

Quelle est la différence entre l'acier et le fer doux, au point de vue magnétique ?

Chimie

Lorsqu'on brûle du soufre, quel est le gaz qui se forme ? En donner la formule.

Lorsqu'on verse de l'acide chlorhydrique sur du zinc, que se produit-il ?

Dessin linéaire

Dessin d'après nature d'une cheminée.

LANGUES ÉTRANGÈRES

___

TEXTE

___

Composition allemande

Le Rhéteur Hippias

Hippias hatte, bevor er sich, nach Smyrna begab, den schönsten Theil seines Lebens zugebracht, die edelste Jugend der griechischen Städte zu bilden. Er hatte Redner gebildet, die durch eine künstliche Vermischung des Wahren und Falschen, und den klugen Gebrauch gewisser Figuren, einer schlimmen Sache den Schein und die Wirkung einer guten zu geben wussten; Staatsmänner, welche die Kunst besassen, mitten unter den Zujauchzungen eines bethörten Volkes die Gesetze durch die Freiheit und die Freiheit durch schlimme Sitten zu vernichten, um ein Volk, welches sich der heilsamen Zucht des Gesetzes nicht unterwerfen wollte, der willkührlichen Gewalt ihrer Leidenshaften zu unterwerfen; kurz, er hatte Leute gebeldet, die sich Ehrensäulen dafür aufrichten liessen, dass sie ihr Vaterland zu Grunde richteten.

WIELAND.

___

Composition anglaise

Avènement de Henri VIII

Upon the decease of his father, Henry VIII ascended the throne without a rival, flourishing in youthful vigour and personal beauty, the object of the best hopes and most pleasing expectations of his subjects. Listening to the advice of his prudent grandmother, the countess of Richmond and Derby, he selected a wise and respectable council; he completed his marriage with Catherine, who having been espoused to his brother Arthur, upon the prince's lamented death was retained in England to become his wife... Adornéd with manly and literary accomplishments, the young monarch attracted the attention of civilized Europe, and his friendship was courted by its greatest potentates. But this bright prospect was too soon obscured by threatening clouds. Henry became extravagant, luxurious, intemperate, and quickly lavished, in useless and vain pomp, the immense treasures which the late king had amassed.

HOLT.

Composition italienne

Terreurs nocturnes de Sylvio Pellico

Una volta, andato a letto alquanto prima dell' alba, mi parve d' avere la più gran certezza d' aver messo il fazzoletto sotto il capezzale. Dopo un momento di sopore, mi destai al solito, e mi sembrava che mi strangolassero. Sento d' avere il collo strettamente avvolto. Cosa strana ! Era avvolto col mio fazzoletto, legato forte a più nodi. Avrei giurato di non aver fatto que' nodi, di non aver toccato il fazzoletto, dacchè l' avea messo sotto il capezzale. Convien ch' io avessi operato sognando o delirando, senza più serbarne alcuna memoria; ma non potea crederlo, e d' allora in poi stava in sospetto ogni notte d' essere strangolato. Capisco quanto simili vaneggiamenti debbano essere ridicoli altrui; ma a me che li provai, faceano tal male, che ne raccapriccio ancora. Si dileguavano ogni mattino; e finchè durava la luce del dì, io mi sentiva l' animo cosi rinfrancato contra que' terrori, che mi sembrava impossibile di doverli mai più patire. Ma al tramonto del sole io cominciava à rabbrividire, e ciascuna notte riconduceva le brutte stravaganze della precedente.

Silvio Pellico.

Composition espagnole

Dignité de l'homme

A todas las criaturas puso Dios leyes, de las cuales salir no pueden : á solo el hombre dejó en su libre poder para que de sí hiciese lo que le pareciese. No le crió celestial ni terreno, mortal ni immortal, para que tomase la forma que le pluguiese, pudiéndose hacer divino siendo bueno, y peor que bestia siendo malo... Quién no se admirará de tan gran don, que habiendo Dios hecho al hombre semejante á si, le diese libre albedrio, con el cual se salvase ó condenase, y con que por si y por todas las cosas criadas diese gracias á Dios? El sol, muy resplandesciente l'ampara del mundo, por su gran luz no sabe dar gracias á su criador, porque siendo para el servicio del hombre, el hombre, que solo tiene entendimiento, las ha de dar por él. La tierra, madre y apacentadora de los animales, dedicado con todos ellos al hombre, se descarga de reconocer el bien recibido de su producir, dejando el cargo dello al hombre, paro cuyo servicio ella fué criada.

FR. CERVANTES DE SALAZAR.

CONNAISSANCES POSTALES

QUESTIONS

Quelles sont les taxes à percevoir pour le port d'une boîte renfermant des valeurs déclarées?

Lorsque le destinataire d'une lettre recommandée est illettré et que, par suite, il se trouve hors d'état d'en donner reçu sur le carnet nº 287 du facteur, comment doit s'effectuer la remise de cette lettre?

CONNAISSANCES TÉLÉGRAPHIQUES

QUESTIONS

Comment est calculée la taxe d'une dépêche échangée entre la France et l'Algérie?

Comment sont taxés les noms propres de personnes dans le service intérieur et dans le service international?

EXAMEN DU 20 AVRIL 1882

PARTIE OBLIGATOIRE

DICTÉE

Les vallées hautes des Alpes, inondées de torrents, de lacs et de marais, ombragées de ténébreuses forêts peuplées d'ours et de bêtes fauves, furent les dernières conquêtes de l'homme de l'Occident sur la stérilité et sur le désert. A l'époque des grandes migrations d'hommes du Nord, sortant comme des essaims des plaines de la Tartarie pour inonder l'Europe, et refoulant devant elles des populations déjà domiciliées, on dit que des colonies fugitives de Cimbres, et surtout de Suédois, race déjà endurcie aux frimas du pôle, furent attirées dans ces hautes vallées par l'analogie de sites, de forêts, de sapins, de lacs, de torrents et de neige, qui leur rappelait leur propre pays. La taille élevée, la chevelure blonde, l'azur des yeux, la blancheur du teint, la majesté calme de l'attitude dans les Suisses des petits cantons, la similitude même des noms de races et des noms de lieux, attestent cette parenté lointaine avec les Suédois. Ces Barbares avaient apporté avec eux leurs idolâtries boréales. Des missionnaires ermites venus de la Gaule et de l'Italie y semèrent le christianisme. Les Francs et les Germains, dont on retrouve également les filiations en Suisse, débordèrent des Gaules et de l'Allemagne dans ces vallées. Leurs chefs y construisirent des châteaux forts, y assujettirent les paysans, et y formèrent de petits États indépendants les uns des autres et souvent en guerre entre eux.

MODÈLE D'ÉTAT A REPRODUIRE

Service de transports de dépêches dont les Courriers sont chargés

DATES	DÉSIGNATION des SERVICES		MARCHE A L'ALLER HEURES		MARCHE AU RETOUR HEURES	
	DE	A	de départ	d'arrivée	de départ	d'arrivée

RÉDACTION SUR LE SUJET SUIVANT

Des devoirs du fonctionnaire public.

GÉOGRAPHIE

QUESTIONS

GÉOGRAPHIE DE LA FRANCE

Quels sont les départements limitrophes de la Haute-Vienne, du Gard, de la Sarthe et de l'Aube?

Indiquer les préfectures et sous-préfectures de ces quatre départements et la situation géographique des sous-préfectures par rapport au chef-lieu?

Quelles sont les principales villes traversées par un voyageur se rendant de Bordeaux à Marseille par Cette?

GÉOGRAPHIE GÉNÉRALE

Quels sont les pays traversés par le Danube et les principales villes situées sur son cours?

Désigner les grandes Antilles, leurs villes principales et les puissances auxquelles ces îles appartiennent.

ARITHMÉTIQUE ET SYSTÈME MÉTRIQUE

I. Deux voyageurs suivant la même route et dans le même sens sont partis ensemble : le premier fait 16 kilomètres en 3 heures et le second 20 kilom. en 4 heures.

De combien l'un aura-t-il dépassé l'autre au bout de 9 heures de marche?

II. Réduire au plus petit dénominateur commun les fractions ordinaires $\dfrac{3}{5}\quad\dfrac{7}{9}\quad\dfrac{5}{12}\quad\dfrac{11}{60}$

III. Deux appartements, l'un de 48 mètres carrés 7 décimètres carrés 6 centimètres carrés; l'autre de 45 mètres carrés 68 décimètres carrés 4 centimètres carrés, ont été carrelés à 3 fr. 25 cent. le mètre carré : Quelle somme faudra-t-il payer à l'entrepreneur?

IV. Une fontaine donne 27 litres d'eau par minute; indiquer en mètres et décimètres cubes la quantité d'eau qu'elle donnera en 15 heures 30 minutes?

V. Un sac qui pèse 6 kilog. 850 renferme 150 pièces de 5 fr., 230 pièces de 2 fr. et le reste en pièces de 1 fr. : Combien renferme-t-il de ces dernières?

N. B. — Développer les calculs et expliquer les solutions des problèmes.

Tout résultat qui ne serait accompagné ni de calcul, ni d'explication raisonnée, serait considéré comme nul.

PARTIE FACULTATIVE

GÉOGRAPHIE

QUESTIONS

Indiquer les principales escales d'un paquebot allant de Bordeaux à Buenos-Ayres?

Indiquer les contrées et les villes principales que traverserait une ligne télégraphique de Lisbonne à Saint-Pétersbourg par Paris?

ARITHMÉTIQUE — ALGÈBRE — GÉOMÉTRIE

QUESTIONS

Une personne est tenue de faire le remboursement de 5,500 fr. de capital avec les intérêts composés sur le pied de 5 %. Combien doit-elle payer après 3 ans?

Algèbre

Résoudre l'équation suivante :

$$\frac{2x-1}{5} - 3 = \frac{x+3}{8}$$

Géométrie

Quel serait le diamètre d'un cercle égal en surface à un triangle de 20 mètres de base et de 34 de hauteur?

PHYSIQUE — CHIMIE — DESSIN LINÉAIRE

QUESTIONS

Physique et Chimie

Exposer l'action d'un courant sur l'aiguille aimantée.
Quelle est la composition de l'eau?
Indiquer sa décomposition par le courant électrique.

Dessin linéaire

Dessin d'après nature d'une lampe.

LANGUES ÉTRANGÈRES

TEXTE

Composition allemande

Le vieux Lion

Ein alter Löwe, der von jeher sehr grausam gewesen war, lag kraftlos vor seiner Höhle und erwartete den Tod. Die Thiere, welche sonst in Schrecken geriethen, bedauerten ihn nicht; denn wer betrübt sich wohl über den Tod eines Friedenstörers, vor dem man nie sicher sein kann? Sie freuten sich vielmehr, dass sie nun bald seiner los würden. Einige von ihnen wollten nun ihren Hass an ihm auslassen. Der arglistige Fuchs kränkte ihn mit beissenden Witzen; der Wolf sagte ihm die ärgsten Schimpfreden; der Ochs stiess ihn mit den Hörnern; das wilde Schwein verwundete ihn mit seinen Hauern, und selbst der träge Esel gab ihm einen Schlag mit seinem Hufe. Das edle Pferd allein stand dabei und that ihm Nichts, obgleich der Löwe seine Mutter zerrissen hatte. « Willst du nicht, » fragte der Esel, « dem Löwen auch Eins hinter die Ohren geben? » Das Pferd antwortete ernsthaft: « Ich halte es für niederträchtig, mich an einem Feinde zu rächen, der mir nicht schaden kann. »

LESSING.

Composition anglaise

Marche du Récit

I must remind my reader of the progress of a stone rolled down hill by an idle truant boy : it moves at first slowly, avoiding by inflection every obstacle of the least importance; but when it has attained its full impulse, and draws near the conclusion of its career, it smokes and thunders down, taking a rood (1) at every spring, clearing hedge and ditch like a Yorkshire huntsman, and becoming most furiously rapid in its course when it is nearest to being consigned to rest for ever.

Even such is the course of a narrative. The earlier events are studiously dwelt upon, that you may be introduced to the character rather by narrative, than by the duller medium of direct description. But when the story draws near its close, we hurry over the circumstances, however important; which your imagination must have forestalled, and leave you to suppose those things, which it would be abusing your patience to relate at length.

WALTER SCOTT.

Composition italienne

De l'Éducation des Enfants

L' uomo impara a commandare prima che a mover parola, e quanto più debole si sente, più vorrebb' essere imperioso tiranno. E invero, ogni tirannide non è altro che

---

(1) *Rood*, mesure de 16 pieds anglais.

debolezza. Non si stimi dunque crudele atto, ma paterno, l' astenersi da soddisfare tutte le voglioline del fanciullo, e il lasciarlo talvolta alle prese col dolore : Ogni desiderio vano, non soddisfato, è germe di mille piaceri. E per distinguere ne' bambini il desiderio vano dal vero bisogno, basta osservare il loro linguaggio e l' indole, come si osserva negli uomini adulti. In questa, siccome in tutte le parti dell' educazione e della vita, il difficile si è non cedere allora che cedere non si dovrebbe. E senza quest' arte, ogni educazione è fallita. E questa rende superflua la severità de' gastighi. Fateli docili al dolore, e saranno ancor più docili à voi ; fateli non prepotenti, e cesserà la ragione dello sgridarli : molto più la ragion del picchiarli. Siate parchi di carrezze ; e risparmierete di molti arrabiamenti a' vostri figliuoli e di molti à voi stessi.

Tommaseo.

Composition espagnole

Conte

Habia una vez una pobre vieja que tenia una sobrina que habia criado sujeta como cerrajo, y era muy buena niña ; muy cristiana, pero encogida y poquita cosa. Lo que sentia la pobre vieja, era pensar lo que iba á ser de su sobrina cuando faltase ella, y así no hacia otra cosa que pedirle á Dios que la deparase un buon novio. Hacia los mandados en casa de una comadre suya pupilera, y entre los huespedes que tenia, habia un indiano poderoso que se dejó decir que se casaria se hallase á una muchacha recogida, hacendosa y habilidosa. La vieja abrió tanto oido, y á los poscos dias le dijó que hallaria lo que buscaba en su sobrida, que era una prenda, un grano de oro, y tan habilidosa que juntaba los pájaros en el aire. El caballero contestó que queria conocerla y que al dia siguiente iria á verla. La vieja corrió á su casa, y le dijó á la sobrina que asiase la casa, y que para el dia siguiente se vistiese y peinase con primor porque iban á tener una visita...

FERNAN CABALLERO.

CONNAISSANCES POSTALES

QUESTIONS

Comment procède-t-on à l'égard d'un objet recommandé insuffisamment affranchi?

Quel est le maximum de poids et de dimension des paquets d'imprimés, d'épreuves d'imprimerie corrigées ou de papiers d'affaires?

CONNAISSANCES TÉLÉGRAPHIQUES

QUESTIONS

Comment compte-t-on les mots des dépêches en langage secret?

Quelles sont les règles et les taxes applicables aux dépêches rectificatives?

EXAMEN DU 6 AOUT 1885

RÉDACTION SUR LE SUJET SUIVANT

Lettre d'un candidat à sa famille pour l'informer qu'il a subi avec succès l'examen d'admission au surnumérariat des postes et des télégraphes et pour lui exposer ses projets d'avenir.

GÉOGRAPHIE

QUESTIONS

I. Bassin de la Loire. — Indiquer les départements traversés, avec leurs chefs-lieux de préfecture et de sous-préfecture?

II. Faire connaître la division militaire de la France en corps d'armée?

III. Indiquer les ports dans lesquels pourra relâcher un navire allant de Gibraltar à Naples, en suivant les côtes?

SECONDE PARTIE

CONSEILS AUX CANDIDATS

Réponses aux questions posées

MODÈLES DE DICTÉES ET DE NARRATIONS

RECOMMANDATIONS IMPORTANTES

1º *Page d'écriture sous la dictée*

Les candidats devront s'habituer à écrire lisiblement sous la dictée, sans transparent, sans papier réglé. Une écriture illisible, qu'ils le sachent bien, est une cause d'exclusion.

S'ils n'écrivent pas bien en anglaise, ils peuvent, s'ils le veulent, modifier leur écriture en peu de temps et complètement, pour ainsi dire.

Qu'ils essayent d'écrire en ronde, et ils seront étonnés du résultat qu'ils obtiendront. — Qu'ils ne craignent pas d'avoir une *grosse écriture*.

2º *Dictée*

Si les candidats ne comprennent pas bien une phrase ou un membre de phrase, qu'ils ne craignent pas de le dire à l'examinateur chargé de leur lire la dictée. On répétera lentement la phrase qu'ils n'auront pas comprise.

3º *La même page recopiée à main posée*

Relire d'abord la dictée mot par mot, et ensuite phrase par phrase. Quand on aura bien compris la valeur de chaque mot, le sens de chaque phrase, on raisonnera, sans se presser, toutes les difficultés.

Beaucoup de candidats commettent des fautes graves qui, souvent, sont tout simplement des fautes d'attention.

On s'appliquera ensuite à écrire avec le plus grand soin en assez gros caractères. Enfin on ne négligera pas la ponctuation.

3° *Rédaction d'une note ou d'une lettre sur un sujet donné*

On veut acquérir la preuve que les candidats savent rédiger facilement et correctement ; on ne demande pas, d'une manière absolue, que les candidats se renferment dans les limites du sujet qu'ils ont à traiter, surtout s'ils prouvent ainsi la variété de leurs connaissances. Nous leur conseillons toutefois la clarté et la concision.

4° *Formation d'un tableau conforme à un modèle donné*

Si les candidats ont quelques notions du dessin linéaire, la formation du tableau n'offrira aucune difficulté. S'ils n'ont jamais fait de dessin linéaire, il leur suffira pour pouvoir remplir convenablement cette partie du programme de s'habituer à copier avec soin les modèles qu'ils trouveront dans le Manuel.

5° *Arithmétique élémentaire — Les quatre premières règles — Les fractions — Les règles de trois simples*

Nous engageons vivement les candidats à étudier avec le plus grand soin le Traité d'arithmétique complète de Guilmin (1).

---

(1) Alphonse Picard, libraire, 82, rue Bonaparte.

Ils ne sauraient s'exercer trop souvent à l'étude des problèmes.

Il serait à désirer que les feuilles de calcul fussent jointes aux compositions ; le Comité d'examen pourrait ainsi apprécier la manière d'opérer de chaque candidat.

L'étude des problèmes donnés par le Manuel sera de la plus grande utilité aux candidats.

6° *Connaissance du Système métrique*

La connaissance du système métrique est tout à fait indispensable aux agents des postes et des télégraphes.

Les candidats devront travailler avec un soin tout particulier cette partie importante du programme.

Les postulants peuvent se faire dicter les problèmes que nous leur donnons ; ils sauront ainsi s'ils sont capables de sortir victorieux du concours. S'ils s'aperçoivent qu'ils sont particulièrement faibles sur un point, iis peuvent encore réparer le mal au moyen d'un travail assidu.

Il faut s'habituer surtout à comprendre les questions posées et à les raisonner. — Quand la donnée est bien comprise, le problème est à moitié résolu.

7° *Géométrie générale des cinq parties du monde — Grandes divisions politiques — Villes principales — Notions détaillées sur la France*

Suivre le cours des fleuves et des rivières depuis leur source jusqu'à l'embouchure. Quand on connaîtra la situation exacte des départements, il faudra connaître leurs bornes. On devra savoir, par exemple, que le département de l'Ardèche dans lequel la Loire prend sa source, est borné au sud par le Gard, au nord par la Haute-Loire, à l'ouest par la Lozère, à l'est par la Drôme.

On verra qu'en quittant l'Ardèche, la Loire entre dans le département de la Haute-Loire, ayant à sa droite la Loire et à sa gauche le Cantal, etc.

On étudiera ensuite chaque département séparément, de manière à bien connaître la situation topographique des préfectures et des sous-préfectures.

Bien que le dernier programme n'oblige pas les candidats à remplir la carte muette de la France, dans des conditions données, en présence du Comité, il est indispensable que les postulants se livrent souvent à cet exercice, pour être en mesure de pouvoir donner des notions détaillées sur la France.

Pour la géographie générale du globe, il faudra employer le même système, c'est-à-dire faire des cartes au tableau ou sur une feuille de papier grand format.

On dessinera, de mémoire, une mappemonde sur laquelle on tracera l'équateur, les méridiens, les parallèles à l'équateur, les tropiques, et l'on fera des voyages autour du monde.

1. On partira, par exemple, de Marseille pour se rendre au Japon, à Yokohama, et on reviendra par l'Amérique et l'Atlantique, le Havre étant désigné comme port d'arrivée. La première escale du navire sera Naples, et on dira : Italie, royaume divisé en 59 départements ; capitale : Rome ; villes principales : Turin, autrefois capitale du Piémont, Alexandrie, Gênes, Milan, Pavie, Venise, Parme, Plaisance, Florence, Pise, Lucques, Livourne, Bologne, Ravenne, Ancône, Palerme, chef-lieu de la Sicile. Ne pas oublier Cagliari, capitale de la Sardaigne, île importante de la Méditerranée qui appartient à l'Italie. On touchera ensuite à Malte.

Nouvelle question. — A qui appartient cette île ? — R. A l'Angleterre. Position stratégique importante. Se rappeler que cette nation prévoyante possède trois corps de garde dans la Méditerranée : Gibraltar, Malte et Chypre. On se fera les mêmes questions pendant toute la traversée. — On ne passera pas par l'Afrique sans étudier cette partie du monde où nous possédons de si grandes colonies. — On traversera l'isthme de Suez, merveille de travail et de persévérance due à la France. On continuera par la mer Rouge, Aden, Pointe-de-Galles (île de Ceylan), Singapore, l'Inde anglaise, l'Inde française, Bornéo, l'Australie, la Cochinchine, Hong-Kong, Shanghaï, la Chine, le Japon ; à Yokohama, on prendra un paquebot américain pour traverser le Pacifique. On viendra atterrir à San-Francisco, dans l'Amérique du Nord. On ira en chemin de fer à New-York, et on reviendra mouiller dans le port du Havre, en traversant l'Atlantique.

2. — Voyage de Bordeaux à Buenos-Ayres par Lisbonne, Madère, Dakar (le Sénégal), Bahia, Rio-Janeiro.

3. — Voyage de Paris à Constantine par l'Espagne, le Maroc et Alger.

4. — Voyage de Paris à Saint-Pétersbourg par la Belgique et l'Allemagne.

5. — Voyage de Paris à Constantinople par la Suisse, l'Autriche, le Danube et la mer Noire. — Etc., etc.

Au moyen de ces exercices répétés, les candidats apprendront en peu de temps la géographie de la France et du monde, et ils pourront se mettre en mesure de répondre aux questions géographiques de la partie facultative du programme : Géographie appliquée aux services maritimes, Chemins de fer, Réseau télégraphique.

———

Les candidats trouveront plus loin des questions obligatoires posées aux examens. — Ils pourront se préparer facilement, s'ils se rendent bien compte de l'importance des questions qui leur seront posées et des difficultés dont ils auront à triompher.

4

DICTÉE

La Peste noire

L'an mil trois cent quarante-huit, une mortalité telle que depuis des siècles on n'en avait pas vu une semblable se répandit dans Florence. Elle avait régné en Orient pendant plusieurs années, et de là s'était jetée sur l'Occident, où, malgré le secours de la science et les invocations solennelles de la religion, elle exerça bientôt des ravages terribles. Les symptômes de cette épidémie étaient affreux : c'étaient des taches noires et bleues qui apparaissaient sur tout le corps, d'où lui est venu le nom de peste noire ou mal noir ; des hallucinations fréquentes, des convulsions longues et douloureuses, puis l'air hébété, les yeux ternes ou sanglants et le teint hâve.

Quelques efforts que fît la médecine, ils étaient impuissants : les victimes succombaient en trois jours, souvent même plus tôt. Le mal attaquait les personnes saines soignant les malades ; il suffisait, quelquefois, pour être atteint du fléau, que l'on touchât les vêtements des mourants ; les animaux même expiraient dans ce contact. Les haillons d'un pestiféré avaient été jetés sur la voie publique ; deux chiens qui se les étaient disputés les avaient pris entre les dents, et bientôt on les vit tomber morts sur ces mêmes haillons. Cette terrible maladie enleva plus de cent mille personnes dans la seule ville de Florence.

———

COMPOSITION FRANÇAISE

Le candidat donnera un aperçu historique de son département
et de la ville qu'il habite

RECOMMANDATIONS : Écrire très lisiblement après avoir fait
la minute du rapport. — Être concis. — Éviter les longues
phrases. — Ne pas employer des locutions vicieuses ou des
mots dont on ne comprend pas très bien le sens.

PROBLÈMES D'ARITHMÉTIQUE

D. — Exprimer en toutes lettres la valeur du nombre
ci-après : 15 mètres 5003 carrés?

R. — Quinze mètres cinquante décimètres trois centimètres
carrés.

D. — Une carte géographique mesure 1^m06 de largeur
sur 0^m84 de hauteur, quelle est la dimension superficielle?

R. — $1^m06 \times 0^m84 = 0^m8904 = 89$ décimètres 04 centimètres carrés.

D. — Un voyageur, en 4 jours, a parcouru 133 kilomètres :
le premier jour, il a marché pendant 6 heures 29 minutes;
le second, pendant 6 heures 17 minutes 55 secondes; le
troisième, pendant 9 heures 32 minutes 49 secondes; et le
quatrième pendant 5 heures 40 minutes 16 secondes. Combien
a-t-il parcouru, en moyenne, de kilomètres à l'heure?

R. — On divise le nombre de kilomètres parcourus par le
nombre des heures employées, qui est de 25 heures.

Démonstration

6ʰ29ᵐ	1ʳᵉ journée.
6 17 55 secondes	2ᵉ journée.
6 32 49	3ᵉ journée.
5 40 16	4ᵉ journée.
26 0 0	133 : 25 = 5 kil. 32 d.

D. — Réduire en fraction décimale la fraction ordinaire 16/31.

R. — 16 : 31 = 0,516.

———

SYSTÈME MÉTRIQUE

D. — Quels sont les sous-multiples du litre, et combien chacun d'eux vaut-il de centimètres cubes?

R. — Le décilitre, dixième partie du litre, vant cent centimètres cubes;

Le centilitre, centième partie du litre, vaut dix centimètres cubes;

Le millilitre, millième partie du litre, vaut un centimètre cube.

D. — Quel est le poids de l'argent fin contenu dans une pièce de 5 fr. ?

R. — Des 9/10 du poids de la pièce ou de 22 grammes 50 c. 25 gr. : 10 × 9 = 22 gr. 50 cent.

D. — Le mètre étant la 10,000,000ᵉ partie de la distance comprise entre le pôle et l'équateur, quelle est, en kilomètres, la longueur du méridien terrestre, autrement dit de la circonférence de la terre?

R. — 10,000,000 × 4 = 40,000,000 : 1,000 = 40,000 kilom.

D. — Quel est le poids d'un litre d'eau distillée, prise à son maximum de densité et pesée dans le vide ?

R. — Le millilitre ou centimètre cube d'eau prise dans les conditions mentionnées ci-contre représentant le poids de 1 gramme, le litre, qui vaut mille millilitres, pèsera mille fois plus, ou mille grammes, ou un kilogramme.

GÉOGRAPHIE

D. — Faire connaître dans quelle partie de l'Europe se trouvent les villes dont les noms suivent, et désigner les cours d'eau sur lesquels elles sont situées ? — Rome ? — *R.* Italie, sur le Tibre.

D. — Lisbonne ? — *R.* Portugal, à l'embouchure du Tage.

D. — Vienne ? — *R.* Autriche, sur le Danube.

D. — Varsovie ? — *R.* Pologne, sur la Vistule.

D. — Turin ? — *R.* Royaume d'Italie, sur le Pô.

D. — Florence ? — *R.* Royaume d'Italie, sur l'Arno.

D. — Bâle ? — *R.* Suisse, sur le Rhin.

D. — Quels sont les départements formés par l'ancienne province de l'Ile-de-France ?

R. — Oise, Aisne, Seine-et-Oise, Seine, Seine-et-Marne.

D. — Quels sont les principaux ports militaires de la France, et sur quelle mer chacun d'eux est-il placé ?

R. Cherbourg, sur la Manche ; Brest, Lorient et Rochefort, sur l'océan Atlantique ; Toulon, sur la Méditerranée.

D. — Où sont situées les îles Ioniennes et quelles sont les principales de ces îles ?

R. — Ces îles sont situées sur les côtes occidentales et méridionales de la Grèce. On en compte sept principales, qui sont : Corfou, Paxo, Sainte-Maure, Théaki, Céphalonie, Zante et Cérigo.

DICTÉE

Étretat

Étretat est un des bijoux les plus gracieux et les plus coquets de cet immense écrin qui déroule ses splendeurs de Dunkerque à Biarritz. Ce petit port a deux genres de beautés très différents. Plongez du haut des falaises géantes votre regard dans l'abîme; admirez ces murs de granit taillés à pic, éclatants de blancheur; écoutez le bruit des lames se brisant avec fracas sur le bord qu'elles frangent d'écume; allez à la marée basse voir de près ces grottes profondes que la mer a creusées, ces arches énormes, cyclopéennes, que le flot a lentement ouvertes et arrondies; ces blocs de rochers que l'Océan, dans ses jeux, a roulés comme des hochets, et vous vous croirez dans un monde primitif, loin de toute civilisation et de toute société.

A côté de cette nature abrupte et grandiose, il en est une autre pleine de grâce et de coquetterie, et pour la trouver vous n'avez qu'à faire un pas. La petite baie au bord de laquelle s'élèvent les maisons d'Étretat est, en quelque sorte, l'embouchure d'une de ces belles vallées de Normandie qui reposent l'œil et la pensée, tant elles sont calmes et souriantes. Si vous quittez un seul instant les majestueuses splendeurs de l'Océan et ses bords, vous tombez en pleine idylle. Les maisons couvrent la plaine; des fermes avenantes, propres, soigneusement peignées, se cachent comme des dryades timides sous des bouquets d'arbres qui les enveloppent de leur mystère. Le trèfle, le sainfoin, la luzerne, s'épanouissent dans des champs et des prés où de belles vaches sont indolemment accroupies, promenant sur vous leur œil si doux et si résigné.

Ce contraste est, à lui seul, un des plus ravissants, un des plus attrayants qu'il soit donné à l'homme de contempler.

SUJET DE RAPPORT

Une rencontre a eu lieu entre deux trains de voyageurs sur le chemin de fer de***; des wagons ont été brisés, des voyageurs tués, d'autres, en plus grand nombre, blessés.

Entrer dans des détails sur les causes qui ont pu amener l'accident et dépeindre la scène de désolation qui en a été la conséquence.

ARITHMÉTIQUE

D. — 1° Lorsque la rente 3 % est à 68 fr. 20, quel capital représente une inscription de 61 fr. 50.

$$R. - \frac{68,20 \times 61,50}{3} = 1398,10.$$

D. — 2° Le nombre des lettres qui ont été transportées par le service des postes, en 1861, a été d'environ 249,800,000, sur lesquelles 224,820,000 étaient affranchies et 24,980,000 ont été soumises à la taxe : quel est le rapport % des lettres taxées aux lettres affranchies?

$$R. - 224{,}820{,}000 : 24{,}980{,}000 :: 100 :$$
$$x = \frac{24{,}980{,}000 \times 100}{224{,}820{,}000} = 11{,}15.$$

D. — 3° 5 ouvriers, en 8 jours, travaillant 9 heures par jour, ont fait 183ᵐ60 d'un certain ouvrage. Combien 3 ouvriers, en 15 jours, travaillant 8 heures 1/2 par jour, en feraient-ils?

$$R. - \frac{183,60}{5\times8\times9} = 0,51\times3\times15\times8,5 = 195^m07.$$

D. — De 5/6 retrancher 3/4 :

$$R. - \frac{5}{6} = \frac{20}{24} = \frac{10}{12} \bigg| \frac{3}{4} = \frac{18}{24} = \frac{9}{12} \bigg| \frac{10}{12} - \frac{9}{12} = \frac{1}{12}.$$

SYSTÈME MÉTRIQUE

D. — 1° Qu'est-ce que le litre?

R. — Le litre est l'unité de mesure de capacité et équivaut à 1 décimètre cube.

D. — 2° Combien 1 stère de bois représente-t-il de décimètres cubes?

R. — 1,000. — Dans 1 mètre il y a 10 décimètres. Dans 1 mètre carré il y a 100 décimètres carrés. Dans 1 mètre cube il y a 1,000 décimètres cubes.

D. — 3° Un train de chemin de fer parcourt, vitesse moyenne, 5 myriamètres à l'heure. Combien d'hectomètres parcourra-t-il en 17 heures?

R. — 5 myriamètres = 50,000 mètres.

$$50\times17 = 50,000 \text{ mètres.}$$

$$\frac{850,000}{100} = 8,500 \text{ hectomètres.}$$

D. — De quelles pièces de monnaie faudrait-il se servir pour faire le poids de 7 grammes 1/2?

R. — Le *franc* pèse 5 grammes. Le 1/2 franc pèse 2 grammes 1/2. Il faudra donc prendre 1 fr. et une pièce de 50 centimes. — Ou bien encore (le centime pesant un gramme) 5 centimes et une pièce de 50 centimes.

GÉOGRAPHIE

D. — 1° Quelles sont les principales rivières qui se jettent dans la Seine ?

R. — L'Yonne, l'Eure, l'Aube, la Marne, l'Oise grossie de l'Aisne.

D. — 2° Quelles sont les bornes de l'Algérie ?

R. — Au nord, la Méditerranée ; à l'est, la régence de Tunis ; à l'ouest, le Maroc ; au sud, le Sahara.

D. — 3° Quels sont les départements formés par l'ancienne province de Bretagne ?

R. — Ille-et-Vilaine, Côtes-du-Nord, Finistère, Morbihan.

D. — 4° Où la Loire prend-elle sa source ?

R. — Au mont Gerbier-des-Joncs, dans l'Ardèche.

DICTÉE

Un Ouragan dans les déserts de l'Arabie

La matinée était belle et semblait nous promettre une journée telle que nous l'avions désirée ; notre attente fut cruellement déçue. Une brise du nord, qui soufflait d'abord assez faiblement, s'accrut si rapidement que, en quelques minutes, ce fut un ouragan. Le soleil voilé, les tourbillons de sable que nous avions vu s'élever à quelque distance de nous et qui déjà nous enveloppaient, l'impossibilité de nous diriger et même d'avancer, toutes ces circonstances nous fixèrent à la place que nous occupions. Nous nous mîmes chacun sous le vent de nos montures, tout près de ces pauvres animaux qui avaient plié les genoux et s'étaient couchés, hors d'état de résister plus longtemps, quoi qu'ils fissent, à l'impétuosité de la tempête. Tout à coup nous fûmes atteints par un fléau dont nous ne nous étions fait aucune idée. Quant à moi, j'aurais préféré cinquante bourrasques en pleine mer à celle qui nous avait assaillis au milieu du désert. Nous ne voyions rien à quatre-vingts pas, nous ne respirions qu'avec une extrême difficulté. Nos chameaux, la tête appuyée contre la terre, paraissaient demi-morts. Tout le monde se taisait; on souffrait, on ne pensait plus. Enfin la tempête s'apaisa aussi promptement qu'elle s'était élevée; mais notre terreur ne s'était pas encore entièrement dissipée, et nous restions muets, lorsqu'un des Arabes qui s'étaient proposés pour nous servir de guides nous rendit la parole. Il était familiarisé avec ce fléau de son pays et en avait été moins affecté que nous. Dieu est miséricordieux! s'écria-t-il. Dieu est miséricordieux! répétèrent les autres Arabes. Nous étions sauvés.

RAPPORT, LETTRE OU NOTE

A RÉDIGER PAR LE POSTULANT SUR UN SUJET DONNÉ

---

*Rendre compte d'une visite à un Comice agricole
ou à une Exposition quelconque*

DIVISION DE LA COMPTABILITÉ

BUREAU
DE L'ORDONNANCEMENT

TROISIÈME EXAMEN

ÉTAT OU TABLEAU

Extrait d'Arrêtés de nominations ou de Promotions

DATE des arrêtés	DATE d'exécution	AGENTS NOMMÉS OU PROMUS				RÉSIDENCE	AGENTS SORTANTS		OBSERVATIONS
		Noms	Grades	TRAITEMENTS			Noms	Traite-ments	
				ancien	nouveau				

ARITHMÉTIQUE

D. — On demande le prix de 384 kilogrammes d'une certaine marchandise, en supposant que 25 kilogrammes de la même marchandise aient coûté 650 fr.

R. — 9,984 fr.

D. — Quels sont les 3/4 des 5/6 des 7/12 des 6/7 de 24 ?

R. — 7 1/2.

D. — Un négociant présente à un banquier, pour le lui escompter, un effet montant à 17,520 fr.; il lui est retenu 1/8 % pour l'escompte : quelle somme doit-il recevoir ?

R. — 17,498 fr. 10.

———

SYSTÈME MÉTRIQUE

D. — Sachant que 80 fr. ont une valeur égale à 81 livres tournois, ancienne monnaie, quel serait, exprimé en francs, l'intérêt à payer pour une créance de 21,500 livres au taux de 5 %?

R. — 1061,728 ou 1061,73.

D. — La toise ancienne, mesure linéaire, équivaut à $1^m,949$: quelle est, en toises, la longueur du 1/4 du méridien terrestre, abstraction faite des fractions qui pourraient ressortir de l'opération ?

R. — 5,130,836 toises.

D. — Qu'est-ce que le stère?

R. — Le stère est l'unité principale pour le mesurage des bois; il est égal à 1 mètre cube.

D. — Quelle est la contenance, en mètres carrés, d'un terrain de 3 hectares 25 ares 76 centiares?

R. — 32,576 mètres carrés.

GÉOGRAPHIE

D. — Quelles sont les bornes du Mexique?

R. — A l'est et au nord, les États-Unis; au sud, le Guatémala; à l'ouest, l'Océan.

D. — Faire connaître les principales presqu'îles de l'Europe?

R. — La Suède avec la Norwège et la Laponie, entre la mer du Nord et la mer Baltique; le Jutland, en Danemark; l'Espagne avec le Portugal, entre l'Océan et la Méditerranée; l'Italie, entre la Méditerranée et l'Adriatique; la Morée, au sud de la Grèce, dans la Méditerranée, et la Crimée, dans la mer Noire.

D. — Quels sont les principaux affluents du Rhône?

R. — A droite : l'Ain, la Saône, grossie du Doubs, l'Ardèche et le Gard; à gauche : l'Isère, la Drôme et la Durance.

D. — Quels sont les départements formés de l'ancienne province de Languedoc?

R. — L'Aude, la Haute-Garonne, le Tarn, le Gard, l'Hérault, la Lozère, l'Ardèche et la Haute-Loire.

DICTÉE

Alexandre le Grand

Quelle que soit notre indulgence, nous ne saurions adopter les principes de quelques publicistes sur les moyens de transmettre son nom à la postérité. Combien n'a-t-on pas vu de gens qui s'étaient proposé de ne suivre que les voies directes, s'égarer en marchant sur des errements aventureux et perdre, en définitive, les titres

qu'ils avaient mérités à une gloire qu'ils ont laissée s'évanouir pour avoir accueilli, avec une faveur indiscrète, les
adulations de quelques sycophantes insidieux! Un des plus
fameux conquérants qui aient figuré dans l'histoire se
persuada qu'il pouvait renier son père et se dire fils d'un
dieu. La tourbe enthousiaste des compagnons de ses
exploits guerriers applaudit à cette nature censée divine,
à cette apothéose anticipée; mais la divinité postiche
devint en butte aux sarcasmes des gens sensés.

1re DIVISION

—

3e BUREAU

FRANCHISES, CONTENTIEUX
ET TARIFS

État à copier

AFFAIRES CONTENTIEUSES

Contraventions à l'arrêté du 27 prairial an IX

(Transport frauduleux de correspondance.)

NOMBRE de procès-verbaux constatant des perquisitions négatives dressés par			NOMBRE DE PROCÈS-VERBAUX annulés par l'administration pour cause d'invalidité	AFFAIRES TERMINÉES PAR VOIE DE TRANSACTION			AFFAIRES DÉFÉRÉES A LA JUSTICE			
la gendarmerie	les agents des douanes et octrois	les agents des postes		NOMBRE de procès-verbaux	NOMBRE des transactions et des frais		NOMBRE de procès-verbaux ayant donné lieu à des acquittements	NOMBRE de procès-verbaux ayant donné lieu à des condamnations	NOMBRE des amendes et des frais	
1	2	3	4	5	6		7	8	9	
531	»	685	2	164	2,182	95	»	»	»	»
1,216										

ARITHMÉTIQUE

D. — 1º Par quel nombre faut-il diviser 768 pour trouver au quotient 32 ?

R. — 24.

D. — 2º Réduire en fraction décimale la fraction ordinaire $\dfrac{5}{8}$?

R. — 0,625.

D. — 3º Quel est le produit du nombre décimal 485,72 multiplié par $\dfrac{1}{10}$?

R. — 48,572.

D. — 4º Quelle est la différence de $\dfrac{4}{5}$ — $\dfrac{2}{3}$?

R. — $\dfrac{2}{15}$?

―――

SYSTÈME MÉTRIQUE

D. — 1º Quelle est l'unité du poids ?

R. — Le gramme.

D. — 2º Combien la lieue de 25 au degré vaut-elle de mètres ?

R. — 4444^{m}44.

D. — 3º Écrire en chiffres : deux hectomètres carrés, quatorze décamètres carrés, cinquante-six mètres carrés, quatre-vingt-quatorze décimètres carrés, soixante-dix centimètres carrés ?

R. — 11^{mq}456,947.

―――

GÉOGRAPHIE

1° Quelles sont les capitales des pays ci-après :

D. — Danemark ? — *R*. Copenhague.

D. — Suède ? — *R*. Stockholm.

D. — Bavière ? — *R*. Munich.

D. — Pérou ? — *R*. Lima.

2° Dans quelles mers se jettent les fleuves ci-après :

D. — Le Niemen ? — *R*. Mer Baltique.

D. — La Dvina du sud ? — *R*. Mer Baltique.

D. — La Vistule ? — *R*. Mer Baltique.

D. — L'Oural ? — *R*. Mer Caspienne.

D. — 3° Indiquer quelques-uns des ports où touchent les paquebots de la ligne de l'Indo-Chine (trajet de Suez au Japon) ?

R. — Aden, Pointe-de-Galles, Singapore, Saïgon, Hong-Kong, Shanghaï, Yokohama.

D. — 4° Quelles sont les colonies françaises d'Afrique ?

R. — Sénégal, Gorée, Mayotte, Nossi-Bé, Sainte-Marie, Bourbon ou la Réunion.

DICTÉE

L'Histoire

Puissé-je ne pas trouver des contradicteurs quand je dirai que l'histoire est la reine et la mère de toutes les sciences ! En effet, quelles que soient les prétentions de ses rivales, on ne saurait nier la supériorité que se sont plu à lui reconnaître les juges les plus compétents. Les langues que nous avons appris à parler ne seraient pas aussi utiles qu'elles le sont, si elles n'arrachaient au temps et à la mort ce que leur faux impitoyable tâche de nous ravir. Aurait-on connu les hommes dont nous nous sommes proposé d'imiter les vertus, si l'histoire ne les eût immortalisés?

RAPPORT, LETTRE OU NOTE

A RÉDIGER PAR LE POSTULANT SUR UN SUJET DONNÉ

Le candidat rendra compte, en 15 ou 20 lignes, d'une visite qu'il a faite dans une usine ou un établissement industriel ou agricole quelconque

ARITHMÉTIQUE

D. — 1º Si cinq ouvriers en sept jours font 79 mètres d'ouvrage, combien douze ouvriers, travaillant cinq jours, en feront-ils?

R. — 120.

D. — 2º Combien y a-t-il de jours dans 1,560 heures?

R. — 65.

D. — 3º Réduire en fraction ordinaire la fraction décimale 0,625?

R. — 5/8.

D. — 3º Quel est le quotient de 2/3 divisé en 3/4?

R. — 8/9.

SYSTÈME MÉTRIQUE

D. — 1º Quelle est l'unité de surface?

R. — L'are.

D. — 2º Quelle est la valeur du tonneau de mer?

R. — 1,000 kilogrammes.

D. — 3° Écrire en chiffres quarante-trois mille six cent cinquante-deux cent-millimètres?

R. — 0ᵐ43652.

D. — 4° Combien un stère contient-il de décimètres cubes?

R. — 1,000.

GÉOGRAPHIE

D. — 1° Quels sont les départements que traverse la ligne du chemin de fer du Nord, de Paris à Calais?

R. — Seine, Seine-et-Oise, Oise, Somme, Pas-de-Calais.

2° Sur quelles mers sont situées les villes ci-après :

D. — Astrakan? — *R*. Mer Caspienne.

D. — Cronstadt? — *R*. Mer Baltique.

D. — Valparaiso? — *R*. Grand Océan.

D. — Trieste? — *R*. Mer Adriatique.

D. — 3° Quel cap double-t-on pour aller de l'océan Atlantique dans le grand Océan?

R. — Cap Horn.

D. — 4° Quelle est la chaîne de montagnes la plus haute du globe?

R. — Himalaya.

DICTÉE

Découverte de Ninive

Les feuilles publiques nous ont informés que d'habiles archéologues exploraient les restes de l'antique Ninive, découverte près de Mossoul, sur les bords de l'Euphrate. Leur curiosité s'est applaudie de ne s'être pas laissé décourager par les obstacles que les fouilles ont rencontrés de toutes parts; car cette savante autopsie des palais assyriens, ensevelis sous terre depuis trente siècles, a mis à nu cinq mille mè res carrés environ de constructions antiques.

Ici, des bas-reliefs où sont représentés les événements et les solennités du temps ; là, des milliers d'inscriptions en écriture cunéiforme, véritables hiéroglyphes aussi indéchiffrables que ceux des Égyptiens ; partout des figurines, des statues, des sarcophages.

COMPOSITION FRANÇAISE

Avantagés de la vie champêtre

(Voir plus loin le corrigé de cette composition).

ARITHMÉTIQUE

D. — 1º Écrire en chiffres le nombre cent deux millions trente mille quatre cent cinq.

R. — 102,030,405.

D. — 2º Quel est le nombre qui, multiplié par lui-même, donne un produit égal à la somme de ce nombre additionné avec lui-même ?

R. — 2.

D. — 3º Quelle est la différence de 3/4 à 5/6 ?

R. — 1/12.

D. — 4º Quel est le plus grand commun diviseur de 576 et de 27 ?

R. — 9.

SYSTÈME MÉTRIQUE

D. — 1º Quelle est l'unité de mesure pour le bois de chauffage ?

R. — Le stère.

D. — 2º Écrire en chiffres quarante-cinq mille six cent soixante-dix-huit cent-millimètres.

R. — 0m45678.

D. — 3º Quels sont les sous-multiples du mètre ?

R. — Le décimètre, le centimètre, le millimètre.

D. — 4º Quel est le poids d'un litre d'eau distillée, prise à son maximum de densité et pesée dans le vide ?

R. — Un kilogramme.

GÉOGRAPHIE

D. — 1º Quelles sont les bornes de l'Europe ?

R. — L'océan Glacial arctique, l'océan Atlantique, la Méditerranée, la mer Noire, le Caucase, la mer Caspienne, le fleuve Oural, les monts Ourals, le Kara.

2º Où sont situées les villes ci-après :

D. — Bahia ? — *R.* Brésil.

D. — Yédo ? — *R.* Japon.

D. — Québec ? — *R.* Canada.

D. — Vera-Cruz ? — *R.* Mexique.

D. — 3º Sur quelles mers sont placés les ports militaires de la France ?

R. — Cherbourg, sur la Manche ; Brest, sur l'océan Atlantique ; Lorient, sur l'océan Atlantique ; Rochefort, sur l'océan Atlantique ; Toulon, sur la Méditerranée.

D. — Quels sont les départements que traverse le chemin de fer de Paris à Cherbourg ?

R. — Seine, Seine-et-Oise, Eure, Calvados, Manche.

DICTÉE

Les Insectes

Je me suis arrêté quelquefois avec plaisir à voir des moucherons, après la pluie, danser en rond des espèces de ballets. Ils se divisent en quadrilles qui s'élèvent, s'abaissent, circulent et s'entrelacent sans se confondre. Les chœurs de danse de nos opéras n'ont rien de plus compliqué et de plus gracieux. Il semble que ces enfants de l'air soient nés pour danser; ils font aussi entendre, au milieu de leur bal, des espèces de chants. Leurs gosiers ne sont pas résonnants comme ceux des oiseaux; mais leurs corselets le sont, et leurs ailes, ainsi que des archets, frappent l'air et en tirent des murmures agréables. Une vapeur qui sort de la terre est le foyer ordinaire de leur plaisir; mais souvent une sombre hirondelle traverse tout à coup leur troupe légère et avale à la fois des groupes entiers de danseurs. Cependant leur fête n'en est pas interrompue. Les coryphées distribuent les postes à ceux qui restent, et tous continuent à danser et à chanter. Leur vie, après tout, est une image de la nôtre. Les hommes se bercent de vaines illusions autour de quelques vapeurs qui s'élèvent de la terre ; tandis que la mort, comme un oiseau de proie, passe au milieu d'eux, et les engloutit tour à tour, sans interrompre la foule qui cherche le plaisir.

RAPPORT, LETTRE OU NOTE
A RÉDIGER PAR LE POSTULANT SUR UN SUJET DONNÉ

Le candidat rendra compte d'une visite faite dans un musée
de peinture
(Voir le corrigé de cette composition à la fin du *Manuel*)

ARITHMÉTIQUE

D. — 1º Écrire en chiffres : neuf millions huit cent soixante-seize mille cinq cent quarante-trois francs deux centimes.

R. — 9,876,543 fr. 02 cent.

D. — 2º Une carte géographique mesure 1^{m}06 de largeur sur 0^{m}84 de hauteur : quelle est la dimension superficielle?

R. — 89 décimètres 04 centimètres carrés.

D. — 3º Réduire au même dénominateur les fractions décimales 0.3, 7.05, 0.004.

R. — 0,300, 7,050, 0,004.

D. — 4º Diviser 248 par 1,000.

R. — 0,248.

SYSTÈME MÉTRIQUE

D. — 1º Écrire en chiffres cinq cent-millimètres.

R. — 0^{m}00005.

D. — 2º Quels sont les sous-multiples du litre?

R. — Décilitre — centilitre — millilitre.

D. — Quelle est la longueur du méridien terrestre?

R. — 40,000,000 de mètres.

D. — 4º Combien un stère de bois représente-t-il de décimètres cubes?

R. — 1,000.

GÉOGRAPHIE

D. — 1º Quelles sont les bornes de l'Afrique?

R. — Méditerranée, au nord; isthme de Suez, mer Rouge et océan Indien, à l'est; grand Océan, au sud; océan Atlantique, à l'ouest.

D. — 2º Quels sont les affluents du Rhin sur la rive gauche?

R. — Moselle et Meuse.

D. — 3º Quelles sont les grandes mers qui baignent l'Amérique Septentrionale?

R. — L'océan Glacial arctique, au nord; l'océan Atlantique, à l'est; le grand Océan, à l'ouest.

4º Indiquer les États dont font partie les villes ci-après :

D. — Coïmbre. — *R.* Portugal.

D. — Corinthe. — *R.* Grèce.

D. — Caboul. — *R.* Afghanistan.

D. — Carcassonne. — *R.* France.

DICTÉE

Puissance de l'Angleterre

Les Iles-Britanniques, très découpées, fortement accidentées, bien arrosées, mais nébuleuses, froides, humides, abondantes seulement en métaux et en pâturages, sont le pays où l'activité humaine se déploie sur la plus vaste échelle, où les plus grandes richesses artificielles ont été accumulées. L'homme y a tout créé. Il a bouleversé le sol par des cultures perfectionnées, des canaux, des routes, des ports. Essentiellement industriel et commerçant par la nature du sol et la position géographique de sa patrie, profitant de son existence insulaire, qui, en le resserrant chez lui, le forçait à répandre à l'extérieur son activité, il s'est créé une existence toute nouvelle, tout entière dans ses vaisseaux, avec laquelle, quelque artificielle qu'elle soit, il remue le monde. Entrepôt de toutes les productions du globe, qu'il a recueillies dans les contrées les plus éloignées, ce pays les distribue à tous les autres, mais après que leur valeur a été centuplée par l'industrie. Il a porté sa langue et son pavillon sur tous les points de la terre. Maître de l'océan Atlantique par sa position sur le flanc occidental de l'Europe, et quels que soient les événements, tranquille derrière son grand fossé maritime et sa ceinture mouvante de navires, il n'a rien à craindre des armées continentales.

COMPOSITION FRANÇAISE

Utilité des chemins de fer et des bateaux à vapeur

(Voir le corrigé à la fin du *Manuel*)

ARITHMÉTIQUE

D. — 1º Écrire en chiffres deux cent cinquante millions?

R. — 250,000,000.

D. — 2º Lorsque 45 hommes, pendant 15 jours, travaillant 10 heures par jour, font 250 mètres d'ouvrage, combien 25 hommes, pendant 30 jours, travaillant 10 heures par jour, feront-ils de mètres du même ouvrage?

R. — 277ᵐ77.

D. — 3º Quel est l'intérêt composé de 2,500 fr., placés à 6 % pendant quatre ans?

R. — 656 fr. 19.

D. — 4º La lumière parcourt 77,000 lieues par seconde et nous vient du soleil en 8 minutes 18 secondes : quelle est la distance du soleil à la terre?

R. — 38,346,000 lieues.

SYSTÈME MÉTRIQUE

D. — 1º Quelle est la surface d'un carré ayant 35 mètres de côté?

R. — 1,225 mètres.

D. — 2º Quelle est l'unité des mesures de capacité?

R. — Le litre.

D. — 3º Quel est le volume d'un cube dont chaque face a 25 mètres carrés?

R. — 125 mètres cubes.

D. — 4º Écrire en chiffres cinquante-quatre mille trois cent vingt et un cent-millimètres?

R. — 0ᵐ54321.

GÉOGRAPHIE

D. — 1º Quelles sont les principales presqu'îles d'Europe?

R. — La Suède avec la Norwège — l'Espagne avec le Portugal — l'Italie — le Jutland — le Péloponèse — la Crimée.

D. — 2º Indiquer les principaux affluents de la Loire?

R. — La Nièvre — l'Allier — la Loire — le Cher — l'Indre — la Vienne — la Maine — la Sèvre nantaise.

D. — 3º Quel est le détroit qui joint la mer Noire à la mer d'Azof?

R. — Le détroit d'Iénikalé ou de Kertch.

D. — 4º Quels sont les principaux États traversés par le Danube?

R. — Le Danube prend sa source dans la forêt Noire (grand-duché de Bade) et traverse le Wurtemberg, la Bavière, l'Autriche, la Hongrie et la Turquie d'Europe.

DICTÉES

La plupart des dictées que les candidats trouveront plus loin ont été données dans différents examens des postes et des télégraphes.

Elles renferment les principales difficultés de la langue française.

Nous ne saurions trop engager les candidats à se livrer d'une manière sérieuse à l'étude de ces exercices.

Ils consulteront le *Manuel,* seulement pour corriger leurs fautes, et auront soin de prendre note, sur un carnet spécial, des difficultés qui les auront arrêtés.

Ils s'efforceront d'examiner, de raisonner ces exercices au triple point de vue de l'orthographe, de la syntaxe et de l'étymologie.

Nous n'avons pas essayé de faire un cours de grammaire, mais nous avons réuni les difficultés principales de la langue française.

A l'aide de l'excellente grammaire de Poitevin (1), les candidats raisonneront ces difficultés, en ayant soin de ne pas apprendre seulement les règles par cœur, mais de tâcher de les comprendre. Pour l'arithmétique, prendre le traité de Guilmin (2), et pour la géographie, Chevalet (3).

Nous engageons les candidats à disposer l'emploi de leur temps de la manière suivante :

Chaque jour se faire dicter, sur papier non réglé, un des exercices qu'on trouvera plus loin.

Nous recommandons aux candidats l'excellent Questionnaire grammatical, littéraire et philosophique, de MM. Levi Alvarez et Rivail (Borrani, rue des Saints-Pères, 9, à Paris); les Dictées normales des Examens par les mêmes auteurs et les traités spéciaux de M. Poitevin (Paris, Firmin-Didot).

Première dictée

Nice

Après les rudes hivers que vous avez *subis*, Madame, depuis plusieurs années, les longues pluies qui vous *ont assaillie* jusqu'au milieu du mois de mai, c'est presque une cruauté de vous mander que je me suis *laissé emmener* à Nice, où *j'ai goûté* la douceur d'un continuel printemps.

Figurez-vous une jolie ville en *amphithéâtre*, assise sur le bord de la mer, vis-à-vis la côte nord-est de l'Afrique;

(1) Firmin-Didot, rue Jacob, 56, à Paris.
(2) Durand, rue Cujas, 9, à Paris.
(3) Chamerot, rue du Jardinet, 13, à Paris.

l'air brûlant de la *zone* torride nous arrive agréablement attiédi par les brises de la Méditerranée, tandis qu'une triple enceinte de montagnes protège notre *oasis fortunée* contre les vapeurs humides du continent européen.

Si parfois, *chargée* de pluie et d'orages, une *nuée* partie de la France méridionale vient *donner* sur les remparts qui nous environnent, c'est merveille de la voir du fond de notre vallée se résoudre en neige et blanchir la cime des monts, tandis que le printemps *verdoie* à leurs pieds.

Aussi jamais *de pluie*, depuis mon arrivée; jamais moins de douze degrés *Réaumur* : des primeurs de *toutes* · façons; des fleurs printanières au mois de janvier; et par-dessus tout, le doux loisir au bord de la mer, le calme après la fatigue, le bien-être après la souffrance.

Et pourtant, malgré l'heureux repos dont je jouis, je n'ai pu comprendre encore les charmes du *farniente* italien; notre activité naturelle se révolte à la seule idée de cette abnégation des facultés *physiques et morales,* qui assimile l'homme à la plante.

Deuxième dictée

L'Inondation

Les grandes pluies que nous avons *eues* cet hiver ont fait *déborder* les rivières et les fleuves; ils ont *quitté* le lit que leur avaient *creusé* les années et se sont *répandus* dans les terres *cultivées.* — Les pauvres laboureurs ont *vu* disparaître en peu de jours le fruit de leur pénible labeur et l'espérance qu'ils avaient *conçue d'élever* convenablement *leur famille.* Deux cultivateurs auxquels je m'intéresse tout particulièrement *ont eu* beaucoup à se plaindre des inondations : *leur verger* est presque totalement détruit ; des pommiers couverts de magnifiques pommes *d'api* ont été *entraînés* par le torrent dévastateur ; des pruniers de *reine-claude*, des poiriers de *messire-Jean*, de *crassane*, de *doyenné* et de *beurré*, *ont disparu* sans qu'il en restât le moindre vestige. Cependant, *quelles que* soient les pertes qu'ont *éprouvées* ces malheureux, ils ne se sont pas *découragés*, et après quelques jours *donnés* à la douleur, ils se sont *remis* au travail avec plus d'ardeur que jamais.

Troisième dictée

Le Voyage sur mer

Vous me demandez quelles impressions j'ai *ressenties* dans mon dernier voyage par mer. *Quelle que* soit ma répugnance à parler de moi et *tout* infidèle qu'est ma mémoire, je ne veux point échapper à l'obligation que *m'a imposée* la promesse que *j'ai dû* vous faire.

Voici quelques détails qui, *tout* vrais qu'ils sont, ne vous paraîtront pas *tous* dignes d'attention.

L'embarquement a quelque chose de solennel : une espèce *d'huissier* ou de domestique en habit noir et en cravate blanche vous indique d'un ton *emphatique* votre appartement. Cet appartement est une étroite *cellule*, dont tout le mobilier consiste en un lit à plusieurs étages, où l'on est à peu près aussi bien *couché* que dans le tiroir d'une commode.

Je vous assure que, mollement *balancé* par l'élément liquide, j'ai mieux *dormi* que sur un lit de *plumes*, dans le réduit obscur d'une *alcove* parisienne.

Quatrième dictée

L'Afrique Septentrionale

L'Afrique, qu'on a *reconnu* être beaucoup plus petite que l'Asie, est la contrée qu'on a le moins *explorée.* Son climat brûlant, ses déserts affreux, ses habitants *tout* barbares ou *tout* stupides, l'ont fait *passer* longtemps pour la dernière des contrées du globe ; cependant une partie de cette terre *désolée* s'est *enorgueillie* d'être les délices du monde, et un de *ses* peuples, qui a bien *dégénéré* depuis, nous *a donné* les premières notions des sciences. — L'Égypte, en effet, *tout abrutie* et *toute méprisée* qu'elle est, a été le berceau des connaissances humaines, et la côte de Barbarie, appelée aussi et avec plus de raison Berbérie, *s'est vu surnommer* le jardin du monde pendant toute la période de temps *qu'a duré* la fortune de Carthage et de Rome.

C'est aussi là que, dans les temps les plus *reculés,* la *mythologie* avait *placé* le jardin des Hespérides, avec ses pommes d'or *gardées* par un dragon.

Les anciens n'ont point connu le contour entier de l'Afrique.

Cinquième dictée

Les Locutions vicieuses

L'*orthographe* a presque toujours été l'objet fondamental des dictées qui ont été faites aux candidats ; aussi les connaissances, à cet égard, laissent-elles peu à désirer.

En serait-il de même s'il s'agissait d'expliquer certaines fautes de *syntaxe* et de *construction,* certaines locutions

vicieuses qui dénotent, de la part de ceux qui les em-
ploient, une ignorance *complète* des principes de la
langue? Car la grammaire doit apprendre aussi bien à
parler qu'à écrire correctement.

Pourriez-vous, par exemple, m'expliquer la différence
qui existe entre *infester* et *infecter*, *imaginer* et *s'imaginer*, *plier* et *ployer*?

Direz-vous : On a *consommé* ou *consumé* beaucoup de
vivres et de bois dans cette maison? Les grands hommes
imposent ou *en imposent* à la postérité?

Cette locution vulgaire : *Appartement à louer de suite*,
est-elle correcte?

Que direz-vous des locutions : *J'ai très faim? J'ai très
froid?*

Faut-il dire : *Il continue à jouer* ou *il continue de jouer*?

Il aime mieux *jouer* que de *travailler*, ou il aime mieux
jouer que *travailler*?

C'est à vous *à parler*, ou *de parler*?

Sixième dictée

La Loire

Les inondations qu'il *y a eues* depuis deux mois et *demi*
sur la rive de la Loire ont *jeté* toute la France dans
la consternation. Que de villes, que de villages se sont
trouvés engloutis dans une seule nuit! Que de fortunes
renversées! Que d'espérances *détruites!*

Depuis Roanne jusqu'à Nantes, se sont *entendus* des
cris de détresse.

Tout affreuses que sont les calamités dont les départements riverains viennent d'être le théâtre, *quelque* ef-

frayantes qu'aient été les *crues d'eau* envahisantes qui ont *dévasté* ces belles contrées, c'est une triste et douloureuse consolation de voir avec quel empressement la France entière a *secouru* ces populations *consternées*.

De *toutes parts*, les souscriptions ont *afflué*, et, pour y concourir, chacun *à l'envi* s'est *imposé* des privations.

Ce n'est pas seulement le *superflu* de l'opulence, c'est aussi la réserve du pauvre qui a *grossi* les listes.

Septième dictée
Paris (1)

Quel singulier spectacle présente notre grande capitale ! Comme tout s'y agite et s'y confond, le *civil* et le *militaire*, l'homme au labeur intellectuel, dont les doigts ne se ternissent que par l'encre, et l'artisan aux mains durcies !

Un passant à l'œil à demi *hagard*, tourmenté par *quelque* affaire, se jette à corps perdu dans la foule; un jeune *clerc*, chargé de *papiers*, s'en va au palais en fredonnant; un *dandy*, à barbe de bouc, semble se complaire dans la *carre* élégante de son habit, car il vous regarde d'un air satisfait de lui-même. Ici des chevaux *fringants piaffent* et *hennissent* d'impatience; — ici, c'est un mendiant auquel on *jette* dédaigneusement *quelque* monnaie de *billon*.

Huitième dictée
L'Économie politique

L'économie politique, *tout* en s'attachant à faire connaître la nature de chacun des organes du corps social,

<hr>

(1) *Dictées normales des examens*, par M. Lévy Alvarès ; Paris, Borani, rue des Saints-Pères, 9.

nous apprend à *remonter* des effets aux causes, ou à descendre des causes aux effets; mais elle laisse à l'histoire et à la *statistique* le soin de *consigner* dans leurs annales des résultats dont, trop souvent, elles sont incapables de montrer la liaison, quoiqu'ils s'expliquent aisément lorsqu'on *s'est rendue* familière l'économie des nations.

La politique *toute* spéculative nous montre l'enchaînement des faits politiques et l'influence que, de tout temps, *ils ont exercée* les uns sur les autres; — elle repose, *quoi qu'on* en dise, sur des fondements beaucoup moins solides que l'économie politique, *parce* qu'ici les événements dépendent beaucoup moins de la force des choses, *quelles que* soient les époques, et beaucoup plus de circonstances *toutes fortuites* et de l'arbitraire des volontés humaines, qui tiennent, à leur tour, à des *données* fugitives.

L'économie politique considère la constitution politique d'un État comme un accident qui *influe*, soit en bien, soit en mal, sur l'existence et le bien-être du corps social, mais qui, elle-même, est le résultat d'un événement ou d'un préjugé national étranger à l'objet de ses recherches.

Les économistes qui *se sont succédé* depuis Smith *ont tâché* de *démontrer* que nulle grande société ne peut faire de progrès sans propriétés exclusives; — mais ces mêmes économistes *ont toujours pensé* qu'il fallait laisser au législateur le soin de découvrir les moyens de garantir les propriétés, *quelles qu'elles* fussent, en imposant aux citoyens, pour acquérir cet avantage, le moins de sacrifices qu'il est possible.

(Extrait d'Horace Say. — *Cours d'Économie politique.*)

Neuvième dictée.

L'Histoire

Avant qu'on vit briller sa lumière féconde,
Les temps se succédaient dans une nuit profonde ;
Les peuples, tour à tour par l'ennui *dévorés*,
Sur la terre passaient l'un de l'autre *ignorés*.
Les grands événements n'avaient point d'interprètes ;
Les débris étaient morts et les tombes muettes.
L'histoire luit : soudain les temps ont *reculé*.
L'ombre *a fui;* les débris, les tombeaux *ont parlé :*
Les générations s'entendent et s'instruisent,
Et de l'esprit humain les travaux s'éternisent.
O charmes de l'étude ! ô sublimes récits !
Dans quels transports le sage, à son foyer assis,
Suit les nombreux combats d'Athènes et de Rome,
A travers deux mille ans applaudit un grand homme !

Legouvé.

Dixième dictée.

Rome

Tant que les premiers magistrats ne se furent pas *laissés aller* au relâchement des mœurs, ou *laissé* corrompre par les richesses, la grandeur de l'État fit la grandeur des fortunes particulières ; mais quand un luxe *sans frein* et des profusions inouïes eurent *ruiné* les plus grandes familles, les hommes furent *prêts* à tous les attentats. Alors apparurent les *Sylla*, les *Marius*, les *Catilina*, et autres monstres qui ensanglantèrent le sol qui les avait vus naître.

Ces exemples ne furent pas perdus, et le siècle suivant eut aussi ses *Syllas*, ses *Marius* et ses *Catalinas*.

Onzième dictée

Constantinople

Constantinople, et surtout la côte d'Asie, étaient *noyées* dans le brouillard : les *cyprès* et les minarets que j'aperçus à travers cette vapeur présentaient l'aspect d'une forêt *dépouillée*.

Comme nous approchions de la pointe du Sérail, le vent du nord se leva et balaya, en moins de quelques minutes, la brume *répandue* sur ce tableau ; je me trouvai tout à coup au milieu du palais du commandeur des *croyants*.

Devant moi le canal de la mer Noire serpentait entre des collines riantes, ainsi qu'un fleuve superbe ; j'avais à droite la terre d'Asie et la ville de Scutari, la terre d'Europe à ma gauche ; elle formait, en se creusant, une large *baie* pleine de grands navires à l'*ancre* et *traversée* par d'innombrables petits bateaux.

Cette baie, *renfermée* entre deux coteaux, présentait en regard et en *amphithéâtre* Constantinople et Galata.

L'immensité de ces trois villes : Galata, Constantinople et Scutari ; les cyprès, les minarets, les mâts des vaisseaux qui s'élevaient et se confondaient de toutes parts ; la verdure des arbres, les couleurs des maisons blanches et rouges, la mer qui étendait sous ces objets sa nappe bleue, et le ciel qui déroulait au-dessus un autre champ d'azur : voilà ce que j'admirais. On n'exagère point quand on dit que Constantinople offre le plus beau point de vue de l'univers. CHATEAUBRIAND.

Douzième dictée

Les Instituteurs

Croira-t-on, dans un demi-siècle, que pendant plus de deux mille ans, les hommes, *même* les plus éclairés du beau pays qui nous a *vus* naître, se sont *imaginé* qu'il serait dangereux d'instruire les enfants du peuple? Quoique cette erreur se *fût* déjà un peu *dissipée* au commencement du XIXe siècle, ce n'est qu'à dater de 1830 que nous nous semmes tout à fait affranchis d'un préjugé qui a tenu nos pères dans une *demi*-servitude.

Tout autre est aujourd'hui l'opinion des hommes *sensés*. Mais, *quelque* disposés que nous *soyons* à répandre les lumières dans les classes laborieuses, *quels que soient* les intentions et les efforts du Gouvernement, *quoi qu'il fasse* pour préparer une génération *tout* autre que celle qui nous a *précédés*, c'est à vous, jeunes instituteurs, de faire fructifier les sacrifices que s'impose l'État. Il faut que vous *croyiez* bien fermement que l'avenir de la patrie est entre vos mains.

Treizième dictée

Description d'Orléans

La Loire est près de trois fois aussi large à Orléans que la Seine l'est à Paris; l'horizon est très beau de tous les côtés. De chaque côté du pont, on voit continuellement des barques qui vont à voiles, les unes montent, les autres descendent. Rien n'empêche qu'on ne les distingue toutes; on les compte, on remarque à quelle distance elles sont les unes des autres : c'est ce qui fait une des beautés du fleuve. En effet, ce serait dommage qu'une eau si pure fût entièrement couverte par des bateaux. Les voiles de ceux-ci sont plus amples; cela leur donne une majesté de navire, et je m'imaginai voir le port de Constantinople en petit. D'ailleurs Orléans, à le regarder de la Sologne, est d'un bel aspect. Comme la ville va en montant, on la découvre presque tout entière. Le Mail et les autres arbres qu'on a plantés en beaucoup d'endroits, le long du rempart, font qu'elle paraît à demi fermée de murailles vertes, et à mon avis cela lui sied bien. Vous saurez pourtant que le quartier par où nous descendîmes au pont est fort laid, le reste assez beau; des rues spacieuses, nettes, agréables, et qui sentent leur bonne ville. Je n'eus pas assez de temps pour voir le rempart, mais je m'en suis laissé dire beaucoup de bien, ainsi que de l'église Sainte-Croix. Enfin notre compagnie, qui s'était dispersée de tous les côtés, revint satisfaite.　　　　　　　　　　LA FONTAINE.

Quatorzième dictée

Les Bardes

Il ne faut pas qu'on *croie* que les Barbares et les peuples qui habitaient primitivement les confins de l'Europe *aient ignoré* ce que c'est que les arts et la *poésie*. La poésie *surtout* les a toujours *charmés;* il est vrai que le *rythme* n'était pas conforme aux règles qu'en ont *eues* les Romains; mais, *quel qu'en fût* l'arrangement, ils s'en accommodaient, et même cette poésie ne manquait pas d'une certaine harmonie grandiose et véhémente, que leur inspiraient *et* leurs combats *et* leurs courses continuelles.

RAPPORTS OU NARRATIONS

Règles du style

Nous supposons que les candidats au surnumérariat des postes et télégraphes ont suivi un cours de littérature élémentaire. — Nous leur rappellerons cependant, sommairement quelques règles indispensables qu'on ne connaît jamais trop bien.

Les préceptes de l'art d'écrire se divisent en règles fondamentales de toutes les productions littéraires, en général, et en règles particulières à chaque espèce d'ouvrage.

Les règles fondamentales sont :

1º *La vérité.* — C'est la représentation exacte et fidèle des objets réels, vraisemblables ou possibles.

2º *La justesse.* — Elle embrasse le sujet dans toute son étendue, sans aller au delà ; elle le dégage de ce qu'il y a d'étranger, sans rien omettre de ce qui lui est essentiellement propre.

3º *La clarté.* — Elle fait saisir sans effort la pensée.

4º *L'agrément.* — Judicieux emploi des richesses et des ornements du style.

5º *L'ordre.* — Disposition et arrangement des parties qui doivent former l'ensemble d'un ouvrage.

6º *L'unité.* — Elle consiste à composer un seul tout de parties qui, malgré leur diversité et leur multiplicité, concourent directement à une fin commune.

Les pensées sont les images des choses. — La vérité

est une qualité qui leur est essentielle et qui en fait le fondement et la solidité.

Toute pensée qui n'est pas conforme à son objet ou qui choque le bon sens doit être rejetée.

La pensée doit être simple. — Elle doit sortir naturellement de l'esprit.

Le lecteur qui rencontre une pensée simple dans un ouvrage croit la tirer de son propre fonds.

Telle est cette pensée de **La Bruyère** :

« L'esclave n'a qu'un maître ; — l'ambitieux en a autant » qu'il y a de gens utiles à sa fortune ; »

Ou cette réflexion de Vauvenargues :

« Il est rare d'obtenir beaucoup des hommes dont on » a besoin. »

Qualités du style

Quel que soit le sujet que l'on traite, trois qualités auxquelles toutes les autres semblent se rapporter constituent essentiellement le mérite du style.

Ce sont : la clarté, la convenance et l'ornement.

1º *La clarté.* — La clarté du style est une qualité qui fait saisir la pensée sans effort ; — elle dépend de la propriété, de l'arrangement naturel des mots et de la régularité des constructions.

La propriété des mots consiste dans le choix des termes les plus convenables et le plus généralement adaptés aux idées que nous voulons rendre.

L'arrangement des mots est une suite nécessaire du plus ou moins d'ordre que l'on sait mettre dans ses idées ; — il faut donc commencer par bien comprendre soi-même, et l'on deviendra clair et compréhensible pour les autres.

> Avant donc que d'écrire, apprenez à penser...
> ....
> Ce que l'on conçoit bien s'énonce clairement,
> Et les mots pour le dire arrivent aisément.

La *régularité* des constructions exige qu'il n'y ait rien dans la phrase qui blesse la syntaxe de la langue dans laquelle on écrit.

> En vain vous me flattez d'un son mélodieux,
> Si le terme est impropre ou le tour vicieux.

2º *La convenance.* — La convenance du style est une qualité par laquelle on assortit le style aux pensées et aux sentiments, en un mot au sujet que l'on traite.

3º *L'ornement.* — Les ornements du style, ce sont certains tours, certaines expressions choisies, qui donnent au style plus d'agrément. Ils doivent être, en général, disposés avec sobriété et avec sagesse.

Ils se puisent à deux sources :

1º L'heureux emploi des figures ;

2º L'harmonie du langage.

Du Style administratif

Le style administratif demande une étude toute particulière. — Il n'admet qu'un très petit nombre d'ornements et ne doit pas cependant nous rebuter par la sécheresse et la dureté.

Indépendamment de la plus heureuse clarté, il se fait une loi sévère de la pureté, de la précision, de la propriété des termes.

Clarté et concision, voilà ses deux qualités essentielles. Il faut dire tout ce qui est nécessaire, et rien que ce qui est nécessaire.

MODÈLES DE NARRATIONS OU RAPPORTS

Décrire un ouragan dans les Antilles

L'ouragan est un vent furieux, le plus souvent accompagné de pluie, d'éclairs, de tonnerres et quelquefois de tremblements de terre, et toujours des circonstances les plus terribles, les plus désastreuses que les vents puissent rassembler.

Tout à coup, au jour vif et brûlant de la zone torride succède une nuit universelle et profonde; à la parure d'un printemps éternel, la nudité des plus tristes hivers. — Des arbres aussi anciens que le monde sont déracinés et disparaissent.

Les plus solides édifices n'offrent en ce moment que des décombres. Où l'œil se plaisait à regarder des coteaux riches et verdoyants, on ne voit plus que des plantations bouleversées et des cavernes hideuses.

Des malheureux, dépouillés de tout, pleurent sur des cadavres ou cherchent leurs parents sous des ruines. Le bruit des eaux, des bois, de la foudre et des vents, qui tombent et se brisent contre les rochers ébranlés et fracassés; les cris et les hurlements des hommes et des animaux, pêle-mêle emportés dans un tourbillon de sable, de pierres et de débris : tout semble annoncer les dernières convulsions et l'agonie de la nature.

RAYNAL.

L'Envie et la Médisance

> Il suffit qu'un homme soit *arrivé*, qu'il ait obtenu les honneurs ou la fortune, pour exciter l'envie, la médisance et la calomnie. Tous les incapables se liguent contre lui.

Développer ce sujet intéressant, si bien traité
par Fléchier

L'envie est une passion désordonnée, qui ne peut souffrir ni grâce ni vertu dans les âmes ; il n'y a point d'autorité, point de réputation, point de bonheur, qu'elle n'étouffât, si elle le pouvait, dès leur naissance. — Comme elle n'a pas toujours la force en main, elle s'aide de tous les artifices de la langue : soit qu'elle cherche à détruire un crédit qui lui a fait ombrage, à ternir une gloire qui brille un peu trop à son gré, à ruiner une fortune dont les débris peuvent servir à grossir la sienne, à décrier une probité qui lui fait obstacle dans ses prétentions, quoique injustes ; soit qu'elle veuille exhaler le chagrin qui lui donne un mérite étranger. Le moyen ordinaire dont elle se sert, c'est la médisance et la calomnie ; ce sont les préventions qu'elle donne, ce sont les pièges qu'elle tend, ce sont les coups qu'elle frappe contre l'honneur et le repos de ses rivaux.

FLÉCHIER.

Décrire le lever du soleil

Impressions éprouvées par le candidat devant ce magnifique spectacle.

On le voit s'annoncer de loin par les traits de feu qu'il lance au-devant de lui. — L'incendie augmente, l'Orient paraît tout en flammes; à leur éclat, on attend l'astre longtemps avant qu'il se montre; à chaque instant on croit le voir paraître : on le voit enfin. Un point brillant part comme un éclair et remplit aussitôt tout l'espace.

Le voile des ténèbres s'efface et tombe; l'homme reconnaît son séjour et le trouve embelli. — La verdure a pris, pendant la nuit, une vigueur nouvelle; le jour naissant qui l'éclaire, les premiers rayons qui la dorent, la montrent couverte d'un brillant réseau de rosée, qui réfléchit à l'œil les lumières et les couleurs. — Les oiseaux, en chœur, se réunissent et saluent de concert le père de la vie. En ce moment, pas un seul ne se tait. — Leur gazouillement, faible encore, est plus lent et plus doux que dans le reste de la journée; il se sent de la langueur d'un paisible réveil.

Le concours de tous ces objets porte aux sens une impression de fraîcheur qui semble pénétrer jusqu'à l'âme.

Il y a là une demi-heure d'enchantement auquel nul homme ne résiste; un spectacle si grand, si beau n'en laisse aucun de sang-froid.

J.-J. ROUSSEAU.

Récit d'un voyage à Nice pendant l'hiver

*Contraste entre les Alpes couvertes de neige, les jardins
d'orangers et la mer bleue*

Je vous dirai que je suis à Nice, que je suis logé dans
une charmante maison, située à la campagne et sur les
bords de la mer, mais à mi-côte et à distance raisonnable.
J'ai, sous ma fenêtre, ce bel et immense bassin que je
découvre de tous côtés, jusqu'aux bornes de l'horizon.
J'entends, la nuit et de mon lit, le bruit des vagues, et ce
son monotone et sourd m'invite doucement au sommeil.
Je n'ai jamais vu de plus beaux jours que ceux dont nous
jouissons ici ; le soleil y est dans son plus grand éclat ; la
chaleur, à midi, est comme celle du mois de mai à Paris,
lorsqu'il est beau. La campagne est encore riante et couverte de gazons ; les petits pois sont en fleurs : on trouve
dans les jardins la rose, l'œillet, l'anémone, le jasmin,
comme en été. L'orange et le citron sont suspendus à des
milliers d'arbres épars dans les campagnes et dans les
enclos. Tout offre l'image de la fertilité et du printemps.
Joignez à cela des promenades très agréables dans les
montagnes, où l'on découvre, à chaque pas, les points de
vue les plus pittoresques ; partout le mélange de la nature
sauvage et de la nature cultivée, des montagnes qui sont
des jardins, et d'autres hérissées de roches, entrecoupées
de pins et de cyprès, et dans l'éloignement la cime des
Alpes couverte de neige.

THOMAS.

Raconter un voyage dans l'Arabie Pétrée

Décrire les souffrances du voyageur

Qu'on se figure un pays sans verdure et sans eau, un soleil brûlant, un ciel toujours sec, des plaines sablonneuses, des montagnes encore plus arides, sur lesquelles l'œil s'étend et le regard se perd sans pouvoir s'arrêter sur un objet vivant; une terre morte, et pour ainsi dire, écorchée par les vents, laquelle ne présente que des ossements, des cailloux jonchés, des rochers debout ou renversés; un désert entièrement découvert, où le voyageur n'a jamais respiré sous l'ombrage, où rien ne l'accompagne, rien ne lui rappelle la nature vivante : solitude absolue, mille fois plus affreuse que celle des forêts, car les arbres sont encore des êtres pour l'homme qui se voit seul. Plus isolé, plus dénué, plus perdu, dans ces lieux vides et sans bornes, il voit partout l'espace comme un tombeau; la lumière du jour, plus triste que l'ombre de la nuit, ne renaît que pour éclairer sa nudité, son impuissance, et pour lui présenter l'horreur de sa situation, en reculant à ses yeux les barrières du vide, en étendant autour de lui l'abîme de l'immensité qui le sépare de la terre habitée; immensité qu'il tenterait en vain de parcourir, car la faim, la soif et la chaleur brûlante pressent tous les instants qui lui restent entre le désespoir et la mort.

BUFFON.

Le Lézard gris

Parler de son agilité, de sa douceur, de son intelligence

Le lézard gris paraît être le plus doux et le plus innocent des lézards. Ce joli petit animal, si commun dans le pays où nous écrivons et avec lequel tant de personnes ont joué dans leur enfance, n'a pas reçu de la nature un vêtement aussi éclatant que plusieurs autres, mais elle lui a donné une parure élégante. Sa petite taille est svelte, son mouvement agile, sa course si prompte, qu'il échappe à l'œil aussi rapidement que l'oiseau qui vole. Il aime à recevoir la chaleur du soleil. Ayant besoin d'une température douce, il cherche les abris; et lorsque, dans un beau jour de printemps, une lumière pure éclaire vivement un gazon en pente ou une muraille, on le voit s'étendre sur ce mur et sur l'herbe nouvelle avec une espèce de volupté. Il se pénètre avec délices de cette chaleur bienfaisante, il fait briller ses yeux vifs et animés; il se précipite comme un trait pour saisir une petite proie ou pour trouver un abri plus commode. Bien loin de s'enfuir à l'approche de l'homme, il paraît le regarder avec complaisance; mais au moindre bruit qui l'effraye, à la chute seule d'une feuille, il se roule, tombe, et demeure pendant quelques instants comme étourdi par sa chute; ou bien il s'élance, disparaît, se trouble, revient, se cache de nouveau, reparaît encore et décrit en un instant plusieurs circuits que l'œil a de la peine à suivre, se replie plusieurs fois sur lui-même, et se retire enfin dans quelque asile, jusqu'à ce que sa crainte soit dissipée.

LACÉPÈDE.

Sujets de composition donnés dans différents examens des Postes ou des Télégraphes

Tous les sujets de composition ci-dessous ont été donnés par l'administration. — Il est donc très important qu'ils soient traités par les candidats. — Cet exercice leur sera d'une grande utilité.

— 1 —

Les bienfaits de l'éducation.

— 2 —

Avantages des Expositions internationales au point de vue du développement de l'industrie, du commerce et de l'agriculture.

— 3 —

Description de la vie des champs.

— 4 —

Des bienfaits de la télégraphie appliquée au commerce, à l'industrie et aux relations sociales.

— 5 —

Influence des divers moyens de communication sur le bien-être matériel des populations.

— 6 —

Indiquer l'importance de l'ouverture du canal de Suez au point de vue commercial.

— 7 —

Du rôle de la télégraphie dans les opérations militaires.

— 8 —

Exposer d'une manière générale les connaissances nécessaires à un employé des postes et télégraphes et les devoirs résultant de l'exercice de ses fonctions.

Autres sujets de Rapports

Les sujets de rapports ci-dessous appartiennent au style administratif, qui exige, ainsi que nous l'avons rappelé aux candidats, la concision et la clarté.

Il n'est pas probable que les candidats aient à traiter des sujets aussi techniques; mais nous les engageons à essayer ces exercices de style, qui leur seront très profitables.

— 1 —

Un facteur du bureau de B... meurt subitement, en laissant dans la plus profonde misère sa femme et quatre enfants en bas âge.

Le Receveur écrit au Directeur de son département et le prie d'appeler sur cette malheureuse famille la bien-veillance de l'administration.

— 2 —

Un employé du bureau de C..., insulté dans l'exercice de ses fonctions, en présence de témoins, par un habitant de la ville de C..., porte le fait à la connaissance de son chef.

— 3 —

Un commis du bureau de D... mène une conduite scandaleuse et ne tient pas compte des avertissements réitérés de son chef.

Rapport de ce dernier au Directeur.

— 4 —

Un facteur rural est arrêté et dévalisé par des malfaiteurs. — Les objets de correspondance dont il est porteur, parmi lesquels se trouvent deux valeurs déclarées, lui sont enlevés.

Le Receveur prévient le Directeur et lui rend compte des mesures qu'il a prises.

— 5 —

Un facteur du télégraphe est accosté dans un endroit écarté par un individu qui lui offre une somme d'argent en échange de la dépêche dont ce sous-agent est porteur. Refus du facteur; menaces de son agresseur, bientôt suivies de voies de fait. Conduite héroïque du facteur qui, tout contusionné, poursuit sa route et remet le télégramme au destinataire.

— 6 —

La receveuse de C... est prévenue que, dans un but coupable, certains individus cherchent à retirer des lettres d'une boite rurale dépendant de son bureau, au moyen de baguettes enduites de glu; — mesures immédiates prises par la Receveuse et rapport au Directeur.

— 7 —

Un wagon-poste du train express de Paris à Bordeaux déraille par une vitesse de 60 kilomètres à l'heure. — Position critique des agents des postes.

Conduite courageuse du chef de brigade; — rapport de ce dernier.

— 8 —

Le paquebot *le Djemnah* arrive à Aden par un temps calme.

Le capitaine fait exécuter quelques réparations dans la machine. — Un coup de vent terrible vient fondre sur la rade. — La machine ne peut être d'aucun secours, quelques pièces indispensables ayant été démontées pour être réparées.

Le *Djemnah* est jeté à la côte. — Dépeindre cet affreux moment. — Terreur des passagers. — Conduite du capitaine et de l'agent des postes, qui sauve ses dépêches. — Rapport de ce dernier.

— 9 —

Le candidat fera connaître, en 15 ou 20 lignes, les divers sentiments que peut faire naître, chez les populations qu'il est chargé de desservir, l'arrivée d'un facteur rural.

AVIS IMPORTANT

AU SUJET DE LA COMPOSITION FRANÇAISE

On a remarqué que la plupart des compositions étaient d'une faiblesse extrême ; le style est souvent prétentieux, les expressions ne sont pas justes. Malheureusement pour eux, les candidats n'ont pas été habitués assez souvent à « *écrire des lettres,* » et cependant, comme l'a dit avec raison M. Dezobry dans son excellent Dictionnaire (1), l'art épistolaire, dans une société civilisée, est une des nécessités de la vie. La personne la plus antipathique à toute culture littéraire se trouve souvent obligée d'écrire une lettre pour ses affaires, pour des informations, une sollicitation, une recommandation, des devoirs et des services à rendre, et cent autres causes. Il est donc sage de se préparer à cet exercice ; car on aura beau fuir les occasions d'écrire, on ne pourra pas toujours les éviter. Nous engageons donc les candidats à écrire à tous leurs amis, à tous leurs parents ; ils leur raconteront leurs impressions, leur parleront des

(1) Paris, Delagrave, éditeur, rue des Écoles, 78.

localités qu'ils auront eu l'occasion de visiter; en un mot, ils ne négligeront rien pour « *se faire la main.* » On oublie trop souvent ce vieux proverbe, si vrai et si sage dans sa naïveté :

C'est en forgeant qu'on devient forgeron.

Nous engageons également les candidats à employer, le jour de l'examen, la forme épistolaire pour la composition française. Cette forme est plus commode, plus simple, plus claire; et, nous ne saurions trop le répéter, il faut éviter surtout d'être diffus, ampoulé, prétentieux.

CORRIGÉS DE COMPOSITIONS

Éloge de la Vie champêtre

Les candidats assez heureux pour avoir fait des études complètes et pour avoir traduit Horace ne seront pas embarrassés pour traiter ce sujet; ils n'auront qu'à se rappeler l'ode II des *Épodes* du grand poète.

A M. B..., à Paris.

Si vous saviez, mon cher ami, combien je suis heureux de ne plus avoir le souci des affaires, d'être devenu campagnard, de pouvoir cultiver en paix le champ paternel ! Les procès me sont inconnus. Les préoccupations des échéances ne viennent pas troubler mon sommeil. Je ne suis pas tourmenté par l'ambition. Je vois ma femme et mes enfants bien portants; mon domaine prospère : n'est-ce pas le vrai bonheur ?

Chaque saison amène avec elle des plaisirs nouveaux.

— Au printemps, c'est la taillle des arbres, la greffe, la récolte de la laine ; pendant l'été, c'est la moisson ; pendant l'automne, la récolte des fruits et la vendange. L'hiver est la saison du repos : la terre se recueille. La chasse et la pêche charment mes loisirs ; et, quand je rentre au logis, je fais plus d'honneur au lait parfumé et au vin nouveau fraîchement tiré qu'aux mets plus ou moins malsains de votre chimie gastronomique.

E. U.

Visite à un Musée

Le candidat fera connaître les impressions qu'il a éprouvées en visitant le Musée des beaux-arts de la ville de B...

Je n'essayerai pas, mon cher ami, de vous décrire tous les chefs-d'œuvre du Musée de B..., ce serait une entreprise au-dessus de mes forces. Je laisse de côté la sculpture, que j'aime beaucoup moins que la peinture. Il me semble que le sculpteur, quand il veut représenter des émotions vives, ressemble à un chanteur qui force sa voix. J'aime, avant tout, la peinture de genre, et j'ai passé tout mon temps au Musée devant une petite toile que je vais essayer de vous décrire.

Un rayon de soleil, amorti par des vitres poussiéreuses, visite la demeure tranquille d'un solitaire, une demeure voûtée et souterraine. Devant lui sont des livres ouverts ; mais le philosophe ne les regarde plus : il songe. Dans cette retraite obscure, il règne une telle paix, qu'on se sent gagné par le goût de la solitude. Cette toile est signée Rembrandt.

E. U.

Visite au Musée de Montpellier

Je vous engage, mon cher ami, à venir visiter le Musée de Montpellier; c'est, assurément, grâce à la générosité de donateurs intelligents, le plus intéressant des musées de province.

MM. Fabre, Valedeau, Collot, Canonge, Saint-Étienne et Bruyas ont pensé, avec raison, que les œuvres de génie appartiennent à la postérité et doivent sortir du domaine privé pour être livrées à l'admiration publique. On rencontre, à chaque pas, des chefs-d'œuvre de l'école italienne, de l'école hollandaise et même de l'école espagnole.

L'école française est représentée par des œuvres hors ligne. On y trouve un superbe « *Greuze*, » que je ne cesse pas d'admirer parce qu'il me « *va au cœur*, » si vous voulez me permettre cette expression. Je ne demande pas à voir partout des leçons de morale; mais je voudrais qu'une pensée se dégageât toujours de l'œuvre du peintre, et je trouve que le *Gâteau des Rois* peint admirablement le bonheur de la vie de famille. Ce tableau inestimable renferme seize personnages admirablement groupés.

E. U.

Visite à une Usine

Je m'empresse, mon cher ami, de vous fournir les renseignements que vous m'avez demandés au sujet de l'importante usine qu'on vient de créer à Saint-Étienne, pour utiliser les produits provenant de la distillation de la houille. Vous ne pouvez vous imaginer tout ce que l'industrie, aidée par la chimie, est parvenue à extraire de cette matière gluante et infecte qu'on appelle *goudron de houille*.

Les produits volatils de la distillation du goudron, contiennent des *hydrocarbures* importants; et en premier lieu, la *benzine commerciale*, employée avec succès, vous le savez, pour le dégraissage des tissus.

La *benzine* pure, traitée par l'acide nitrique concentré, produit la *nitro-benzine*, dont l'odeur a beaucoup d'analogie avec celle de l'essence d'amandes amères et sert à parfumer les savons. La nitro-benzine, traitée par l'hydrogène naissant, devient l'*aniline*, base de ces magnifiques matières colorantes, violet, gris, bleu, vert, rouge, jaune, etc., qui ont apporté une véritable révolution dans la teinture et l'impression sur étoffes. La distillation du goudron produit encore l'acide phénique, ce puissant désinfectant qui, traité par l'acide nitrique, fournit une couleur jaune d'une si grande puissance qu'un kilogramme de cet acide pur et cristallisé suffit pour teindre mille kilogrammes de soie; et vous apprendrez avec étonnement, mon cher ami, que cette matière tinctoriale ne coûte pas 10 francs le kilogramme!

Combinée avec du *chlorate de potasse*, elle donne naissance à la poudre qui sert à la fabrication des torpilles, La puissance brisante de cette poudre est dix fois supérieure à celle de la poudre à canon.

Pourquoi faut-il vous dire, en terminant, que la distil-

lation de la houille produit encore la *fuchsine arsenicale,*
dont on fait un si malheureux abus en France, en Espagne,
en Italie, pour la coloration des vins? Une pénalité sévère
atteint heureusement les négociants en vins peu scru-
puleux qui ne craignent pas d'employer le *rouge d'aniline*
ou le *caramel de fuchsine.* Il ne faut pas se le dissimuler,
ce sont de véritables poisons.

Dans une autre lettre, je vous ferai connaître ce qu'on
trouve encore dans le goudron. On a bien raison de le
dire, le *diamant noir* — le *charbon de terre* — est
une source de richesses encore inexplorée.

E. U.

---

*Comparer les moyens de communication qui existaient
au commencement du siècle avec ceux qui existent
aujourd'hui.*

En l'an de grâce mil huit cents, on ne voyageait pas
souvent et on écrivait rarement. La voiture des *maîtres
coureurs* avait fait place, en 1790, à la *malle-poste;* mais
c'était un transport de luxe. Quant au port des lettres,
la taxe par zones l'avait mise à un prix inabordable pour
les départements éloignés de la capitale. Les messageries
avaient, pour ainsi dire, le monopole du transport des
voyageurs, des bagages et des marchandises. Les routes
de premier ordre étaient sillonnées par des diligences,
des berlines, dont le service était assez régulier; mais
les villes situées sur les routes secondaires n'étaient
desservies que par occasion. La *poste aux chevaux,* qui
ne fut réellement organisée qu'en 1805, permit d'obtenir

un service de relais très régulier. Les malles marchaient à raison de seize kilomètres à l'heure. C'étaient des *trains express*, dont tout le monde ne pouvait pas profiter. Quant à la diligence, c'était le *train omnibus* roulant à raison de neuf ou dix kilomètres à l'heure. On faisait son testament avant de partir de Marseille pour Paris et on n'arrivait à destination qu'après huit jours de martyre... quand on y arrivait.

En résumé, les grandes villes recevaient, chaque jour, le courrier de Paris; mais beaucoup de communes rurales n'étaient desservies que deux fois par semaine. Les communications postales avec l'étranger étaient très aléatoires; pour correspondre avec les pays d'outre-mer, avec nos propres colonies, on n'avait d'autres ressources que les bâtiments de guerre, les navires de commerce. Dans de pareilles conditions, les transactions commerciales étaient impossibles.

La télégraphie aérienne, cette ingénieuse invention de Chappe, dont la Convention déclara l'utilité en 1793, fut mise, il est vrai, à la disposition du public, en l'an IX, sur quelques grandes lignes; mais on peut dire que la télégraphie aérienne n'a rendu des services réels qu'à l'État.

En 1846, avant l'établissement des télégraphes électriques, il existait en France cinq grandes lignes de télégraphie aérienne qui, partant de Paris, aboutissaient à Lille, Strasbourg, Toulon, Bayonne et Brest. La distance entre les différentes stations était, en moyenne, de 22 kilomètres. On recevait à Paris des nouvelles de Strasbourg (480 kil.) en 6 minutes et demie par 44 télégraphes; de Toulon (830 kil.), en 20 minutes par

100 télégraphes; de Brest (600 kil.), en 8 minutes par 54 télégraphes.

En 1830, l'administration des postes commença l'organisation sérieuse du service rural, qui jusqu'alors avait beaucoup laissé à désirer. Bientôt la traction par la vapeur vint apporter une révolution complète dans le système des communications, et l'administration des postes entra résolûment dans la voie du progrès. — Aujourd'hui, il n'y a pas une seule commune, en France, qui ne reçoive la visite quotidienne du facteur rural et qui ne possède une boîte aux lettres. Dans un certain nombre de localités, les facteurs stationnent pendant quelque temps, ce qui permet aux habitants de répondre par le retour du courrier. Dans les grandes villes, les facteurs font quatre distributions par jour. Paris en possède huit. Les bureaux ambulants, essayés timidement en 1844, roulent maintenant sur toutes les voies ferrées.

Des boîtes mobiles sont adaptées à toutes les voitures des courriers et à la plupart des gares de chemin de fer. Les *paquebots-poste* subventionnés par l'État, admirablement installés pour le transport des dépêches et des voyageurs, font flotter le drapeau français sur toutes les mers.

L'Union postale, ce grand trait d'union entre toutes les nations, a supprimé les tarifs différentiels et les douanes postales.

Des tarifs nouveaux, excessivement réduits, permettent l'échange incessant des idées, facilitent les négociations commerciales, dans les meilleures conditions de rapidité et de sécurité, non seulement d'un bout à l'autre de l'Europe, mais d'un bout à l'autre du monde.

La télégraphie électrique, née d'hier, développe chaque jour son réseau.

Elle traverse les montagnes, franchit les océans et transmet la pensée avec la rapidité de l'éclair. Marseille et Yokohama, le Havre et Valparaiso, se donnent la main et correspondent en quelques minutes. Louis XIV a dit un jour : « *Il n'y a plus de Pyrénées.* » Aujourd'hui il *n'y a plus de distances;* elles sont supprimées par la poste et le télégraphe, ces deux grands pionniers de la civilisation, dont les forces, réunies dans l'intérêt général, ne reculent devant aucun obstacle pour faciliter le développement de la richesse et de l'instruction publique.

E. U.

Rendre compte d'un accident de chemin de fer

Nous étions partis de Paris par le train express de 8 h. du soir pour nous rendre à Clermont-Ferrand. Près de Saint-Germain-les-Fossés nous fûmes réveillés brusquement par les sifflements précipités du mécanicien. Ces avertissements, tardifs, hélas! furent suivis d'un choc effroyable.

Je me précipitai sur la voie dès que je pus ouvrir la portière, et je fus témoin d'un spectacle affreux : nous avions tamponné un train omnibus tombé en détresse et qui n'avait pas été couvert par les signaux réglementaires.

Tous les voyageurs valides s'empressèrent de donner des secours aux blessés, dont quelques-uns étaient atteints très grièvement. Il paraît certain que le mécanicien de l'express n'a aperçu le train omnibus qu'à 200 mètres de distance.

Le système de freins en usage est tout à fait défectueux. Un ingénieur autrichien a expérimenté, récemment, un nouveau frein électrique qui produit, dit-on, un arrêt pour ainsi dire instantané.

Les Compagnies ne devraient reculer devant aucune dépense. Il faudrait encourager les études des ingénieurs, car il serait bien à désirer qu'on trouvât un système qui permît de faire agir les freins dans de meilleures conditions qu'aujourd'hui.

Ce frein est trouvé : il fonctionne actuellement sur la ligne de l'Est et sur celle de Paris-Lyon-Méditerranée.

Faire ressortir dans une note l'importance des voies de communication pour la prospérité d'un pays

AVIS

On pourrait, sur un sujet aussi intéressant, écrire dix volumes in-folio et la question ne serait pas épuisée. — Mais on demande seulement aux candidats une note, un résumé concis de leurs idées.

Les peuples riches ont toujours été ceux qui ont pu transporter facilement les produits de leur culture ou de leur industrie et les échanger contre ceux des autres nations.

La Gaule et la Germanie, couvertes de forêts, privées de routes, étaient habitées par des peuplades pauvres, misérables, presque sauvages, tandis que les Phéniciens et les Grecs, grâce à leurs vaisseaux, allaient trafiquer sur toutes les côtes de la Méditerranée, depuis Tyr jusqu'aux Colonnes d'Hercule, et vivaient dans l'opulence. D'un côté c'était la barbarie, de l'autre la civilisation.

Aujourd'hui la Perse et l'Asie centrale sont souvent décimées par la famine. Ces vastes territoires sont encore privés de routes.

En Europe, au contraire, grâce à la facilité des transports, les mauvaises récoltes ne peuvent produire que des malaises passagers.

Les routes, les canaux, les chemins de fer sont, comme la poste et le télégraphe, les pionniers de la civilisation. — Peut-être, un jour, ils rendront la guerre impossible, car les hommes, en se rapprochant, apprennent à se connaître et à s'aimer.

E. U.

EXAMENS A L'EMPLOI D'AUXILIAIRES

DEUXIÈME PARTIE

CANDIDATS A L'EMPLOI DE COMMIS AUXILIAIRE

(Arrêté ministériel en date du 17 avril 1882)

RENSEIGNEMENTS UTILES

AUX CANDIDATS A L'EMPLOI DE COMMIS AUXILIAIRE

*Arrêté constituant un programme d'admission à l'emploi
de commis auxiliaire*

Art. 1er. — Des agents auxiliaires peuvent être admis à prendre part au travail des bureaux.

Art. 2. — Nul ne peut être commis auxiliaire s'il n'est âgé de 16 ans au moins, et s'il n'a subi un examen d'aptitude.

Les candidats à l'emploi d'auxiliaire doivent justifier de leur qualité de Français, posséder une bonne constitution et n'être atteints d'aucune infirmité, avoir une écriture très lisible, une orthographe correcte, connaître l'arithmétique élémentaire (jusques et y compris le système métrique), **la** géographie de la France, les contrées et les principales villes de l'Europe et des autres parties du monde.

Art. 3. — Les candidats dont l'aptitude est jugée suffisante sont nommés commis auxiliaires dès qu'ils sont signalés comme étant au courant du service des bureaux.

Art. 4. — Les commis auxiliaires reçoivent une rétribution annuelle de 600 fr. non soumise à la retenue pour le service des pensions civiles.

Le chiffre de cette rétribution est porté à 800 fr., en raison de la cherté de la vie dans certaines villes déterminées par décision ministérielle.

La rétribution de début est fixée uniformément à 800 fr. en Algérie et à 900 fr. en Tunisie.

Elle peut s'élever jusqu'à 1,800 fr., par augmentations successives de 100 fr.

Dans les localités où la rétribution de début des commis auxiliaires est fixée à 800 fr., le chiffre maximum de cette rétribution peut atteindre 2,000 fr., par augmentations successives de 100 fr.

Art. 5. — Le temps nécessaire pour obtenir une augmentation peut être réduit à six mois pour les auxiliaires dont la rétribution est inférieure à 1,200 fr.; il est ensuite de deux ans au moins.

Art. 6. — Les sous-agents peuvent concourir pour l'emploi de commis auxiliaire. En cas d'admission, ils conservent, pendant leur stage, la rétribution dont ils jouissent comme sous-agents. Lorsqu'ils sont au courant du service, ils sont nommés comme auxiliaires avec la même rétribution, si elle est égale ou supérieure à la rétribution du début, déterminée par l'art. 4 du présent arrêté; ou bien elle est portée au chiffre de cette dernière, si elle lui est inférieure. Ils concourent ensuite pour l'avancement dans les mêmes conditions que les autres auxiliaires.

Art. 7. — Les commis auxiliaires concourent pour le surnumérariat, qui leur ouvre l'accès des cadres.

Lorsqu'ils sont nommés surnuméraires, ils conservent leur rétribution pendant la durée du surnumérariat. Ils peuvent alors, comme tous les surnuméraires, être appelés d'office à une autre résidence, et, dans ce cas, leur rétribution est portée à 1,200 fr., si elle est inférieure à ce chiffre.

Art. 8. — Il est alloué aux commis auxiliaires, lorsqu'ils sont appelés *d'office* hors de leur résidence pour les besoins du service, une indemnité spéciale de deux francs par jour, qui se cumule avec les indemnités fixes de séjour accordées, dans certaines localités, à raison de la cherté des subsistances, aux commis titulaires.

Art. 9. — Les commis auxiliaires sont assimilés aux commis titulaires, en ce qui concerne l'exécution des règlements de l'administration.

La suppression ou le retrait de leur emploi ne leur donne droit à aucune indemnité.

Art. 10. — Sont abrogés les arrêtés ministériels des 28 février et 3 décembre 1869, 17 juin 1871, 25 septembre 1875 et 6 février 1877 ; les arrêtés du Gouverneur de l'Algérie en date des 30 mars 1870 et 6 septembre 1876, et en général toutes les autres dispositions relatives au recrutement des auxiliaires.

RECOMMANDATIONS PARTICULIÈRES

Les candidats à l'emploi de commis auxiliaires doivent, avant tout, s'efforcer d'avoir une écriture nette, bien lisible.

L'art de bien former les caractères d'écriture est apprécié d'une manière toute particulière par les examinateurs. — Il ne faut pas craindre d'écrire en gros caractères.

Une écriture illisible est une cause certaine d'exclusion.

AVIS

Les *Dictées* et les *Questions* suivantes ont été données aux candidats à l'emploi d'auxiliaire en 1881, 1882, 1883, etc. :

Première dictée

La Navigation

Quelles que soient la vérité et la magnificence des spectacles que l'industrie de l'homme a donnés au monde, il n'en est peut-être pas de plus admirable que la navigation. Des êtres faibles et mortels, attachés à la terre, ont osé se transporter sur un élément inconnu et terrible, suspendre des édifices sur les eaux, donner des lois aux vents et voler aux extrémités de l'univers, sous des ciels qui n'étaient point faits pour eux. Mais telle est notre destinée, l'esprit humain est aussi pervers qu'il est grand, et le crime se place à côté du génie. Les hommes ont abusé de tout : des végétaux pour en former des poisons, du fer pour s'égorger, de l'or pour se corrompre, des arts pour multiplier les moyens de se détruire; ils ont abusé, surtout, de l'art de la navigation : la mer est devenue un champ de carnage, et les flots ont été ensanglantés par la guerre.

Ainsi les deux parties de notre sphère sont également le théâtre de nos malheurs et de nos crimes. Je n'y vois qu'une différence : si je jette mes regards sur la surface de la terre, j'y aperçois des ruines, des restes d'embrasements, des champs et des forêts incultes, où s'élevaient autrefois des villes florissantes; monuments de ravages qui peuvent nous arrêter, en nous inspirant une terreur utile. Mais la mer, quel que soit le nombre des malheureux dont elle a été le tombeau, n'offre aucun vestige de tant de désastres. Tous les jours, le navigateur passe avec sécurité et avec joie sur des lieux où des milliers d'hommes ont péri.

Seconde dictée

Les cataclysmes nombreux par lesquels la terre s'est vu éprouver à diverses époques sont attestés par les alluvions sans nombre que l'on a trouvées éparses sur les différents points de sa surface. Partout se voient accumulées des dépouilles marines, monuments incontestés de ces bouleversements par lesquels s'est, à de longs intervalles, renouvelé le globe. Il est vrai que les époques où ils se sont opérés et les causes qui les ont produits sont restées à l'état de problèmes; mais les résultats qu'ils ont amenés, depuis longtemps jugés par la science, ne permettent plus le doute, tout prodigieux, tout incroyables qu'ils paraissent.

Ainsi, nous sommes à peu près forcés de croire qu'à différentes époques, notre planète s'est vu envahir par les eaux, qui ont séjourné dans ses différentes parties assez longtemps pour que se soient formées les pétrifications que nous voyons aujourd'hui, ainsi que les dépôts de sédiment marins qu'il y a eu sur toute la surface du globe. Il est pareillement à croire que les montagnes sont dues à ces envahissements successifs; et qu'après s'être vu former lentement par des courants sous-marins, elles ont surgi peu à peu, les eaux s'écoulant, et à mesure qu'elles s'éloignaient, laissant à nu les parties qu'elles avaient submergées.

Troisième dictée

L'Hiver

Les autans se sont déchaînés et, soufflant avec furie, ont dépouillé la nature de tous les ornements dont elle s'était montrée si fière. Tombées une à une, les feuilles ont séché et jauni sur la terre, qu'elles ont jonchée de leurs débris. Déjà, tourbillonnant sur les ailes de l'aquilon glacé, la neige a commencé à se disperser en flocons légers, flottant au milieu des airs. Les branches des arbres apparaissent hérissées par le givre de cristaux étincelants ; les herbes ont disparu sous les frimas, et les eaux du torrent rapide se sont vues enchaînées et suspendues par un froid subit. Les oiseaux ont fui, désertant leurs bosquets naguère si riants, et cherchant loin de nos contrées des climats plus doux. Les seuls animaux sauvages, sortant, poussés par la faim, des antres profonds où l'homme les avait forcés de chercher un refuge, se montrent errant autour des bergeries et rôdant jusque sous le regard de l'homme, près de ses habitations, pour y chercher leur proie. Triste saison, où les malheureux après s'être vu enlever peu à peu, par le manque de travail, le peu de ressources qu'ils s'étaient amassées dans des temps meilleurs, sont réduits à tendre, en suppliant à la pitié publique, ces mains par lesquelles eux et leurs familles s'étaient vus jusqu'alors entretenus et nourris !

QUESTIONS D'ARITHMÉTIQUE

1. — On promet une gratification à un ouvrier, s'il achève 156 mètres d'ouvrage en 18 jours. Au bout de 4 jours, il a fait 33 mètres; il veut savoir si, en continuant ainsi, il parviendra à gagner une gratification.

Sinon, que devra-t-il faire pour y parvenir?

2. — Chercher le plus grand commun diviseur des trois nombres : 840, 16920, 21960.

3. — Un appareil transmet 55 dépêches de 20 mots en 1 heure, la moyenne du nombre des lettres est de 5 par mot : combien cet appareil transmet-il de lettres par minutes?

4. — Trois joueurs qui s'étaient associés ont fait un bénéfice de 30 louis. Le premier avait mis 20 louis, le second 60 et le troisième 70 : combien revient-il à chacun?

1re *Question*. — Exposer le système métrique pour les mesures de longueur et de surface.

2e *Question*. — Trois associés ont fait un bénéfice de 2,700 fr. Le premier a mis dans l'entreprise 3,000 fr. pendant 3 mois, le second 2,000 fr. pendant 5 mois et le troisième 3,200 fr. pendant 7 mois.

On demande de partager le bénéfice proportionnellement au temps et au montant de chaque mise.

QUESTIONS DE GÉOGRAPHIE

Quelles sont les principales villes situées sur la voie ferrée de :

Paris à Marseille?

De Paris à Bordeaux?

De Paris à Lille?

De Paris à Brest?

Quels sont les ports militaires de la France? — Quels sont les ports marchands?

Par quelles villes passerait un voyageur qui se rendrait directement de Paris à Moscou?

Faire connaître la route suivie par un paquebot allant de Marseille à Yokohama? — Et de Saint-Nazaire à la Martinique?

Quelles sont les principales villes :

1º D'Italie?

2º D'Espagne?

3º D'Allemagne?

4º D'Angleterre?

Quelles sont les principales villes :

1º De Russie?

2º D'Autriche et Hongrie?

3º De Roumanie?

4º Des États-Unis d'Amérique?

5º De Turquie d'Europe?

6º De Turquie d'Asie?

7º Quelles sont les principales possessions anglaises en Asie?

EXAMENS POUR L'EMPLOI DE DAMES TÉLÉPHONISTES

EXAMENS

POUR

L'ADMISSION A L'EMPLOI DE DAMES TÉLÉPHONISTES

Au moment où le réseau téléphoniste de l'État se développe en province, nous croyons utile de faire connaître les conditions d'admission à l'emploi de dames téléphonistes.

L'EXAMEN SE COMPOSE :

1° D'une dictée;
2° De trois questions de géographie;
3° De trois questions d'arithmétique.

Les postulantes trouveront ci-après les questions posées le 1er avril dernier.

En consultant le *Manuel* du surnuméraire, elles pourront se préparer facilement à leur examen.

CONCOURS DU 1er AVRIL 1886

DICTÉE

De l'Horreur des ténèbres

L'homme, de même que certains animaux chez lesquels se révèle quelquefois une affection analogue, s'effraye au au sein des ténèbres; une vague terreur s'empare de lui; la raison, les connaissances, l'esprit, le courage, quelque développés que vous les supposiez, ne peuvent rien contre cette infirmité bizarre. De raisonneurs, d'esprits forts, de philosophes, de guerriers même, combien n'en a-t-on pas vu trembler la nuit au bruit d'une feuille d'arbre, tout résolus et intrépides qu'ils étaient en plein jour! On attribue cet effroi aux contes des nourrices : on se trompe; il y a une cause toute naturelle, tout instinctive. Au moindre bruit qui résonne et que je ne puis m'expliquer, l'intérêt de ma conservation me suggère d'abord tout ce qui doit le plus m'engager à me tenir sur mes gardes et par conséquent tout ce qu'il y a de plus propre à m'effrayer. N'entends-je absolument rien, je n'en suis pas pour cela plus rassuré : un piège, une surprise, un guet-apens me menace peut-être. Ainsi forcé de mettre en jeu mon imagination, bientôt je n'en suis plus maître : elle triomphe de mes efforts, et plus j'aurai fait pour me tranquilliser, plus je l'aurai exaltée. La cause du mal trouvée indique le remède; en pareille matière, comme en toute autre, l'habitude tue l'imagination; il n'y a, quoi qu'on puisse dire, que les objets nouveaux qui la réveillent; dans ceux que l'on aperçoit tous les jours, ce n'est pas l'imagination qui agit, c'est plutôt, ou pour mieux dire, c'est uniquement la mémoire.

GÉOGRAPHIE

1º Quels sont les départements limitrophes de la Marne? Indiquer les préfectures et sous-préfectures de ces départements et de celui de la Marne.

2º Possessions françaises en Amérique.

3º Indiquer, avec leurs capitales, les pays situés sur le littoral de la mer Adriatique.

ARITHMÉTIQUE

1º Une bague en or pesant 18 grammes renferme 16 grammes 56 d'or pur : à quel titre est-elle?

2º Quatre classes contiennent ensemble 130 élèves, mais dans chacune des deux premières classes il y a 15 élèves de plus que dans chacune des deux dernières; combien y a-t-il d'élèves dans chaque classe?

3º Quel est le nombre qui multiplié par 0,025 a donné pour produit 1 ?

Raisonner les opérations.

AVIS ET CONSEILS

Les candidats reconnus admissibles à la suite du concours pour le surnumérariat des postes et télégraphes doivent avoir le désir très légitime d'obtenir un jour un emploi supérieur. Ils acquerront assez facilement, par la pratique, les connaissances postales dont ils devront faire preuve quand ils passeront l'examen du deuxième degré, dit de capacité; mais, en télégraphie, il ne faut pas seulement de la pratique : il faut des *connaissances théoriques*. Nous leur indiquons *tous les points à étudier*. S'ils sont studieux, s'ils se procurent les ouvrages spéciaux, les traités de physique nécessaires à leurs études, s'ils consultent leurs chefs, ils deviendront des agents d'élite.

Le programme suivant sera pour eux un guide précieux.

NOTIONS GÉNÉRALES

Sur le Magnétisme et l'Électricité

BUT DE LA TÉLÉGRAPHIE — ORGANES ESSENTIELS — APPAREILS
TÉLÉGRAPHIQUES EMPLOYÉS EN FRANCE — RÉCEPTEURS-
MANIPULATEURS — ÉLECTRO-AIMANTS.

I

Appareil à cadran. — Principe de l'appareil. Manipulateur
simple et à commutateur. Description. Communications.
Manipulation. Démontage. Nettoyage. Dérangements mécaniques électriques. Recherches des dérangements.

Récepteur. — Description. Réglage. Réception. Communications. Dérangements mécaniques électriques. Démontage. Nettoyage.

Appareil système Deschiens. — Tige. Roue d'échappement.
Rappel à la croix. Rappel de l'armature.

Indication des cas dans lesquels l'appareil à cadran a été
et est encore employé : chemins de fer, lignes d'intérêt
privé.

II

Appareil Morse. — Ses avantages sur l'appareil à cadran.
Manipulateur simple, à commutateur. Description. Pas-
sage des courants d'arrivée et de départ. Réglage. Manipulateur à ressort antagoniste. Réglage. Entretien. Dérangements. Démontage. Mise sur contact pour expériences.

Récepteur. — Description de l'appareil. Usage des cinq bornes. Marche du courant. Alphabet. Manipulation. Conseils sur la manipulation à l'usage des commençants. Instruction des stagiaires. Translation. Réglage.

Appareil Chassang. — Encrage. Réglage. Volant.

Appareil à l'usage des bureaux municipaux. — Dérangements mécaniques électriques. Démontage. Entretien.

Bifurcation. Énoncé des lois de la résistance.

Résistance des bobines. Réduction au quart par la bifurcation du courant.

Rouet.

III

Appareil Hughes. — Principe de l'appareil. Description sommaire. Rôle du courant. Organe électro-magnétique. Courants d'induction. Axe des cames. Jeu des diverses cames pendant les révolutions de l'axe imprimeur. Correction. Inversion. Communications.

Relais Appareils en local.

Réglage ordinaire. Réglage de l'électro-aimant.

Réglage du synchronisme.

Entretien. Manipulation. Réception.

Modifications diverses. Marche du courant.

Principaux dérangements.

Étude sommaire des appareils Meyer et Wheatstone. Installation en duplex.

IV

Piles. — Piles usitées en télégraphie. Piles Daniell, Callaud, Leclanché. Installation de la pile de chaque modèle. Indications pratiques sur ces piles. Montage. Entretien. Soins à donner à chaque pile.

Sonneries. — But des sonneries. Principe. Sonnerie à mouvement d'horlogerie. Description. Sonnerie à trembleur, petite, moyenne, grande résistance. Sonnerie à courant continu.

Rappel par inversion de courant. Description. Réglage. Son emploi. Relais de sonnerie pour écluses. Parleurs. Description. Son emploi. Relais translateur. Lecture au son.

Paratonnerres. — Principe des paratonnerres. Description des paratonnerres à pointes ordinaires. Paratonnerre Bertsch extérieur. Bertsch intérieur à pointes mobiles. Bobines de paratonnerres. Paratonnerre à fil préservateur vertical, horizontal. Communications. Paratonnerre commutateur à feuille de gutta-percha, à papier, à stries. Paratonnerres des gares, des municipaux. Essai du paratonnerre.

V

Galvanomètres. — Mesure des déviations. Boussole ordinaire, de sinus. Galvanomètre vertical. Galvanomètre Thompson. Entretien. Réglementation des aiguilles.

Commutateurs. — Commutateur rond ordinaire, son but. Commutateur interrupteur inverseur, avec un seul commutateur, avec deux commutateurs. Commutateur inverseur pour rappel. Commutateur suisse. Manipulateurs conjugués. Commutateur bavarois. Commutateur Murcil. Abandon du commutateur suisse à plus de cinq fils, ses inconvénients. Bornes, plots, agrafes, attaches, brides et cavaliers pour fil de poste. Serre-lames.

VI

Translation. — Causes qui nécessitent l'emploi de relais. Principe des relais. Translation par l'appareil Morse. Relais simple. Relais double. Relais Siemens. D'Arlincourt. Effet nuisible des ressorts antagonistes. Réglage.

Translation établie avec commutateurs ronds, bavarois et manipulateurs à commutateur. Installation d'une translation avec parleurs, avec relais Siemens.

VII

Installation des postes. — Opération extérieure. Potelet. Boîte en bois. Tubes coudés et isolateurs à double cloche. Entrée des fils par ligne souterraine.

Opération intérieure. Installation pour une seule ligne avec Morse. Marche du courant, arrivée, départ. Disposition des instruments sur la table de manipulation. Boîte poste.

Dessin de l'installation des postes. — Poste municipal intermédiaire. Poste municipal tête de ligne avec rappel par inversion, avec commutateur inverseur.

Poste de gare tête de ligne à deux directions avec un récepteur, avec deux récepteurs, avec manipulateur à commutateur.

Poste avec Morse et cadran.

Dérivation. Usage des bobines de résistance.

Embrochage.

Poste à deux directions avec un récepteur, avec deux récepteurs, avec parleur.

Poste à plusieurs directions.

Morse en relais avec manipulateur à commutateur.

Poste intermédiaire en translation avec sonnerie.

Système à courant continu.

Installation avec un Hughes et un Morse.

VIII

Perturbations sur les lignes. — Courants permanents. Dérivations accidentelles. Dérivations multiples. Pertes sur les lignes aériennes. Pertes sur les lignes sous-marines. Mélanges. Mélanges permanents. Induction d'un fil sur un autre. Courant induit direct.

Polarisation. Mauvaise communication à la terre. Établissement du fil de terre. Courant de retour ou de décharge. Recherche des dérangements extérieurs. Déviation normale. Courant nul ou très faible. Courant permanent. Localisation des dérangements extérieurs au moyen de coupures. Emploi de la boussole et des bobines de résistance (1).

IX

Établissement des lignes. — Lignes aériennes. Manchons. Fils. Poteaux. Accouplement. Exhaussement. Potelets. Injection des poteaux. Isolateur cloche. Isolateur arrêt. Isolateur arrêt double. Lignes sur routes et sur chemins de fer. Entretien.

Lignes souterraines. Pose des câbles. Raccordement des fils aériens et souterrains. Colonnes creuses en fonte. Guérites.

Avantages des lignes souterraines. Inconvénients. Boîtes de coupure.

Lignes sous-marines. Étude sommaire des câbles.

---

(1) Dérangements intérieurs. Moyens de les localiser. Étude des différents cas. Vérification de la pile, de la terre, des communications et appareils, en particulier des paratonnerres et des commutateurs.

QUELQUES CONSEILS

QUELQUES CONSEILS

L'art épistolaire, dans une société civilisée, est une des nécessités de la vie; la personne la plus antipathique à toute culture littéraire se trouve souvent obligée d'écrire une lettre pour ses affaires, pour des informations, une sollicitation, une recommandation, des devoirs ou des services à rendre, et cent autres causes. Il est donc sage de se préparer à cet exercice, car on aura beau fuir les occasions d'écrire, on ne pourra pas toujours les éviter.

Nous ne saurions trop recommander aux candidats l'excellent ouvrage de M. Dezobry (1), intitulé *Dictionnaire pratique de l'Art épistolaire.*

C'est en étudiant cet excellent traité avec soin qu'ils se feront la main, qu'ils parviendront à devenir de bons rédacteurs.

Voici quelques extraits du Dictionnaire de M. Dezobry :

---

(1) En vente, rue des Écoles, 78, chez Delagrave, éditeur.

Lettres descriptives

La lettre descriptive est souvent une lettre de voyage, souvent aussi une lettre écrite à la suite d'un bal, d'une fête, d'un mariage, d'une cérémonie sacrée ou profane, publique ou privée. Pour la bien écrire, la bien composer, il faut de l'esprit, du pittoresque dans le style, une certaine chaleur de conception et beaucoup d'habitude de voir en regardant. En disant que cette lettre veut être composée, nous n'entendons point qu'il faille en ce genre plus que dans les autres, avoir l'air apprêté et quitter le naturel; mais seulement qu'on doit être clair, parce que, comme on a souvent beaucoup de choses à décrire, un tableau à tracer, on ne réussira qu'en mettant de la méthode dans la description, et une certaine logique naturelle qui veut que telle partie passe avant telle autre, soit plus ou moins importante, pour que la description ne devienne pas confuse et prenne tout l'intérêt qu'elle peut avoir. Il n'est pas moins nécessaire, pour que la lettre soit agréable, de savoir en varier les tons, et passer avec aisance d'un sujet à un autre. Un des moyens d'y jeter de l'animation et de la variété est de s'y mettre en scène, de parler de soi, pourvu que cela ne revienne pas souvent, et qu'on le fasse avec esprit et gaieté.

Lettres narratives

La lettre *narrative* est le pendant et la sœur, pour ainsi dire, de la lettre *descriptive*, mais sa sœur aînée. Tandis que sa cadette s'occupe surtout de choses extérieures, saisissant les yeux autant que l'esprit, la narrative roule, la plupart du temps, sur des faits, des actions, des événements qui tiennent ou se rapportent, soit directement, soit indirectement, à l'ordre social ou moral. Ces faits n'ayant, assez souvent, point de corps par eux-mêmes, cette lettre exige plus d'esprit, plus d'imagination, parce que le narrateur doit créer, dans une certaine mesure, la narration à faire. « Un fait, dit Horace Walpole, un événement raconté par un homme sans génie, n'est jamais exactement vrai. Il ne saisit pas les nuances essentielles ; les petites circonstances qu'il aura ramassées ne sont point celles qui auraient donné le coloris à ce qui vient d'arriver. Il peut être minutieux sans être exact : c'est le choix des *riens* qui marque l'entendement. » Voilà toute la théorie, et la meilleure et la plus simple, de la lettre narrative. Ajoutons que, pour être bon narrateur, il faut avoir le don de l'émotion. Si Mme de Sévigné raconte si bien, c'est qu'elle s'émeut, qu'elle entre de toute son âme dans son sujet. Mme du Deffand, au contraire, froide, insensible, indifférente à tout, raconte fort mal : « Je n'ai pas, dit-elle, la chaleur nécessaire pour rendre les récits intéressants. » Et ailleurs : « Malheureusement je ne ressemble en rien à Mme de Sévigné, je ne suis point affectée des choses qui ne me font rien ; tout l'intéressait, tout réchauffait son *imagination*. La mienne est à la glace. Je suis quelquefois animée, mais c'est pour un moment. Ce moment passé, tout ce qui m'avait animée est effacé au point d'en perdre le souvenir. » On ne pouvait se juger soi-même avec plus de justesse.

Les lettres narratives sont plus développées que les autres : il y faut de l'abondance ; la proportion ordinaire les rendrait souvent sèches ; l'écueil est la diffusion. Elles doivent être amusantes ou tout au moins intéressantes, et d'autant plus longues qu'elles viennent de plus loin. Ceci est presque une obligation de politesse, d'amitié surtout : quiconque écrit d'une contrée lointaine a beaucoup vu ; il doit avoir beaucoup à raconter. Le caractère de la lettre sera presque, pour le fond, celui d'un journal de voyage. Cette étendue se justifie encore par la difficulté et la rareté des communications : on donne en gros ce que l'on donnerait en détail si l'on habitait le même pays, où peu de jours, et souvent un jour, remplissent l'intervalle du départ d'une lettre à son arrivée à destination. Il est bon aussi, pour ces lettres expédiées d'un hémisphère dans l'autre, de leur donner un numéro d'ordre, afin que vos amis puissent aisément voir s'il ne s'en est pas perdu quelqu'une, accident souvent utile à connaître. La *Correspondance de Jacquemont* est, en ce genre de lettres narratives, un modèle sous tous les rapports ; on peut citer aussi, en fait de recueil, les *Lettres sur l'Italie*, de de Brosses, bien que l'abondance y dégénère quelquefois en diffusion. Il n'y a plus guère après que des exemples isolés.

Dans ce que l'on pourrait appeler la petite lettre narrative, celle du pays dans le pays, Mme de Sévigné est le modèle par excellence. Sous sa plume, cette lettre devient une causerie fine et spirituelle; la chose insignifiante, commune, y est dite d'une manière agréable ou plaisante; la chose sérieuse, d'une façon distinguée, émue, touchante et quelquefois philosophique.

FIN

Typ. Oberthür, Rennes—Paris (632—86

9 782329 372563